非洲猪瘟防控
知识手册

赵洪进 王建·主编

上海科学技术出版社

图书在版编目（CIP）数据

非洲猪瘟防控知识手册 / 赵洪进，王建主编. -- 上海：上海科学技术出版社，2019.4（2020.6重印）
ISBN 978-7-5478-4393-2

Ⅰ. ①非… Ⅱ. ①赵… ②王… Ⅲ. ①非洲猪瘟病毒－防治－手册 Ⅳ. ①S852.65-62

中国版本图书馆CIP数据核字（2019）第054054号

非洲猪瘟防控知识手册
赵洪进　王　建　主编

上海世纪出版（集团）有限公司
上海科学技术出版社　出版、发行
（上海钦州南路71号　邮政编码200235　www.sstp.cn）
上海展强印刷有限公司印刷
开本 787×1092　1/16　印张 6
字数 150千字
2019年4月第1版　2020年6月第2次印刷
ISBN 978-7-5478-4393-2/S·180
定价：35.00元

本书如有缺页、错装或坏损等严重质量问题，请向工厂联系调换　电话：021-66366565

编 委 会

主　编

赵洪进　王　建

副 主 编

龚国华　齐新永　朱九超

编　者

（以姓氏笔画为序）

王曲直　牛光斌　卢　军　孙泉云　李凯航　沈素芳
周锦萍　夏炉明　黄　忠　葛　杰　鞠厚斌

前　言

非洲猪瘟（African swine fever，ASF）是由非洲猪瘟病毒（African swine fever virus，ASFV）引起猪的一种急性、热性、高度接触性传染病。本病以高热、网状内皮系统出血和高死亡率为特征。发病猪的死亡率高达100%，被公认为是危害养猪业的"头号杀手"。世界动物卫生组织（OIE）将其列为法定报告动物疫病，我国将其列为一类动物疫病。

自2018年8月3日我国辽宁省沈阳市发生首起非洲猪瘟疫情以来，短短几个月时间，已有20多个省、自治区和直辖市发生了100多起疫情。考虑到我国非洲猪瘟防控工作的复杂性、艰巨性、长期性，短期内彻底消灭非洲猪瘟难度极大，必须在继续打好攻坚战的同时做好打持久战的准备。非洲猪瘟不是人畜共患病，不感染人，也不感染除家猪和野猪之外的其他动物，无公共健康危害。但是，由于目前尚无有效的疫苗和治疗方法，如果不加以严格防控，会给养猪业带来巨大经济损失，并造成严重的社会影响。

要战胜非洲猪瘟需要知己知彼，尊重科学，大众参与。为此，上海市动物疫病预防控制中心组织相关专业人士编制了这本科普手册，旨在向市民宣传非洲猪瘟的科普知识，并为基层防疫人员、养殖户等及时识别、诊断和快速应对非洲猪瘟疫情提供参考。

我们在编写过程中虽力求完善，但由于编写时间紧及水平所限，可能存在不足与错误之处，敬请广大读者批评指正。

编著者

2019年1月

目　　录

一、概述 ·· 1
　　1. 什么是非洲猪瘟？ ·· 1
　　2. 非洲猪瘟的危害有哪些？ ·· 1
　　3. 非洲猪瘟的流行范围有多广？ ·································· 1
　　4. 规模养猪场如何有效应对非洲猪瘟疫情？ ················· 2
　　5. 散养户如何有效防控非洲猪瘟？ ······························ 2
　　6. 屠宰企业如何有效防控非洲猪瘟？ ··························· 2
　　7. 哪里可以买到安全的猪肉？ ···································· 3
　　8. 为何至今未研制出非洲猪瘟疫苗？ ··························· 3
　　9. 非洲猪瘟强制扑杀后怎么补助？ ······························ 3

二、非洲猪瘟防控 ··· 4
　　1. 非洲猪瘟的病原及特点是什么？ ······························ 4
　　2. 非洲猪瘟病毒的抵抗力如何？ ·································· 4
　　3. 非洲猪瘟的流行病学特征是什么？ ··························· 4
　　4. 非洲猪瘟猪感染潜伏期多久？ ·································· 5
　　5. 非洲猪瘟的发病机制是什么？ ·································· 5
　　6. 非洲猪瘟的临床症状有哪些？ ·································· 5
　　7. 非洲猪瘟的剖检病变特点有哪些？ ··························· 6

8. 非洲猪瘟和猪瘟如何鉴别诊断？ ············· 7
9. 非洲猪瘟现场排查前的人员准备有何要求？ ············· 7
10. 非洲猪瘟现场排查前的车辆准备有何要求？ ············· 8
11. 非洲猪瘟现场排查前需要准备哪些物品？ ············· 8
12. 非洲猪瘟现场排查时进出养殖场有何要求？ ············· 10
13. 如何开展非洲猪瘟的现场排查？ ············· 11
14. 全血、血清、器官和组织样品以及环境样品如何采集？ ············· 11
15. 采样信息如何记录？ ············· 12
16. 样品包装有何要求？ ············· 12
17. 样品运输有何要求？ ············· 13
18. 如何开展非洲猪瘟实验室诊断？ ············· 13
19. 哪些消毒剂对非洲猪瘟病原的消毒效果较好？ ············· 13
20. 如何正确对疫点、疫区场地和设施进行消毒？ ············· 14
21. 如何普及非洲猪瘟防控知识？ ············· 14
22. 如何通过道口检疫防止非洲猪瘟疫情扩散？ ············· 15
23. 如何在机场、码头开展检疫，防止非洲猪瘟侵入？ ············· 16
24. 如何监管生猪调运，防止非洲猪瘟疫情扩散？ ············· 16
25. 生物安全防护在非洲猪瘟防控中有何作用？ ············· 17
26. 为什么饲料中禁止使用猪血制品？ ············· 17
27. 为什么要禁止用泔水喂猪？ ············· 17
28. 为什么要对非洲猪瘟病死猪进行无害化处理？ ············· 18
29. 非洲猪瘟病死猪采取深埋处置是否有效？ ············· 18
30. 在非洲猪瘟防控中，疫点、疫区和受威胁区如何划分？ ············· 18
31. 发现非洲猪瘟可疑疫情后应如何处置？ ············· 19
32. 确诊非洲猪瘟疫情后应如何处置？ ············· 19

附 录

农业农村部关于印发《非洲猪瘟疫情应急实施方案（2019年版）》
　　的通知 ··· 21

病死动物无害化处理技术规范 ·· 36

中华人民共和国农业农村部公告第 2 号 ································· 44

中华人民共和国农业农村部公告第 64 号 ······························· 47

中华人民共和国农业农村部公告第 79 号 ······························· 48

中华人民共和国农业农村部公告第 119 号 ······························ 51

国务院办公厅：关于做好非洲猪瘟等动物疫病防控工作
　　的通知 ··· 53

国务院办公厅关于进一步做好非洲猪瘟防控工作的通知 ············ 57

农业农村部办公厅关于做好非洲猪瘟防治工作的紧急通知 ········· 61

农业农村部关于切实加强生猪及其产品调运监管工作的通知 ····· 67

农业农村部关于进一步加强生猪及其产品跨省调运监管
　　的通知 ··· 69

农业农村部办公厅关于防治非洲猪瘟加强生猪移动监管
　　的通知 ··· 70

农业农村部办公厅关于加强规模化猪场和种猪场非洲猪瘟防控工作
　　的通知 ··· 72

农业农村部办公厅关于印发《打击生猪屠宰领域违法行为　做好
　　非洲猪瘟防控专项行动方案》的通知 ····························· 74

上海市人民政府办公厅关于进一步做好非洲猪瘟防控工作
　　的通知 ··· 77

关于切实做好非洲猪瘟防治工作的通知 ································ 81

一、概述

1. 什么是非洲猪瘟?

非洲猪瘟（African swine fever，ASF）是由非洲猪瘟病毒（African swine fever virus，ASFV）引起猪的一种急性、热性、高度接触性传染病。世界动物卫生组织（OIE）将其列为法定报告动物疫病，我国将其列为一类动物疫病，也是《国家中长期动物疫病防治规划（2012～2020年）》明确重点防范的外来动物疫病。非洲猪瘟病毒不感染人，无公共健康危害。

2. 非洲猪瘟的危害有哪些?

非洲猪瘟虽然不是人畜共患传染病，但是由于目前尚无有效的疫苗和治疗方法，如果任其流行会给养猪业带来巨大经济损失并造成严重的社会影响。我国是世界第一养猪大国，饲养量占世界总量的53%左右。猪肉也是我国居民主要肉食来源，猪肉占肉类总消费量的60%以上。近年来，由于我国生猪产业布局的调整，生猪调运频次高、范围大，若非洲猪瘟疫情扩散蔓延，将对我国的生猪养殖业造成极大危害，直接影响猪肉市场的供给。

3. 非洲猪瘟的流行范围有多广?

非洲猪瘟于1921年在肯尼亚首次发现，近百年来，已有62个国家先后发生非洲猪瘟疫情。2018年以来，全球非洲猪瘟疫情明显重于往年，疫情数增长25%。截至2019年3月1日，全球已有25个国家发生6 500多起疫情，且在部分国家呈现大暴发、大流行态势。在62个已发生过非洲猪瘟疫情的国家中，只有13个国家根除了疫情。

自2018年8月3日我国确诊首例非洲猪瘟疫情以来，截至2019年3月

1日，全国有28个省份发生111起非洲猪瘟疫情，其中108起家猪疫情，3起野猪疫情。目前，已有100起疫情按规定解除封锁，18个省市的疫区也全部解除封锁。

4. 规模养猪场如何有效应对非洲猪瘟疫情？

建立3~5km生物安全隔离带，构筑围墙围栏；限制人员出入，场内工作人员休假后隔离72小时，场外衣物消毒；生产区原则上禁止人员流通，设备维修、施工人员进场要有专人陪同，严格消毒、更换衣鞋，隔离36小时后方可进入；增加场内消毒频次；彻底清理垃圾杂草，消灭蜱虫；运输车辆、进场车辆在场外彻底消毒（包括驾驶室）；猪肉及猪肉制品禁止进入场内和食堂；员工宿舍、食堂、办公区彻底清理消毒；规范车辆进出管理和驾驶员卫生消毒管理。

5. 散养户如何有效防控非洲猪瘟？

提高对非洲猪瘟危害的认识，不从疫区和交易市场购买猪只；封闭饲养，采取隔离防护措施，控制人员、车辆和易感动物进入；严格落实进出养殖场人员、车辆的消毒措施，建议交替使用碱类（氢氧化钠、氢氧化钾）、苯及苯酚等消毒药物对养殖区域进行彻底消毒，并做好消毒记录；避免与野猪、钝缘（软）蜱接触，做好蜱虫驱杀工作；严禁使用泔水或餐余垃圾饲喂生猪，保证饮水清洁；合法调运，严禁从高风险区域调入生猪；规范做好病死猪、粪便、污物等的无害化处理；规范做好口蹄疫、猪瘟、高致病性蓝耳病等其他疫病的免疫；积极开展疫病监测和排查，对突发高热、不明原因流产、死亡等现象及时记录并主动上报。

6. 屠宰企业如何有效防控非洲猪瘟？

落实生猪入场查验，临床检查发现异常、无动物检疫合格证明和畜禽标识的生猪不得入场。落实清洗、消毒工作，严格按照规范对工作人员、运输活猪和产品的车辆、待宰圈、屠宰线、屠宰工具、无害化暂存或处理设备等进行清洗和消毒。落实生猪屠宰检疫、检验，严格按照国家规定开展屠宰检疫和肉品质检验。发现疑似非洲猪瘟症状的，要立即停止屠宰。落实无害化处理，严格按照国家规定对运输途中死亡生猪、入场后检疫和检验不合格生猪及其产品、不可食用生猪产品等进行无害化处理。落实生产记录和检疫报告，严格做好生猪来源和产品、猪血等副产品去向登记。发现疑似非洲猪瘟或异常死亡的，要立即报告驻场官方兽医。

7. 哪里可以买到安全的猪肉？

在上海市场上销售的猪肉，其生猪屠宰检疫是严格规范的。另外，非洲猪瘟不是人畜共患病，虽然对猪有致命危险，但对人没有危害，可放心食用。

市民只要在正规市场上购买的猪肉都是安全的，如大型超市、正规的农贸市场、品牌猪肉专卖店等。

8. 为何至今未研制出非洲猪瘟疫苗？

目前，国内外均没有有效的非洲猪瘟疫苗，主要是由其病原生物学特性决定的。非洲猪瘟病毒基因类型多、基因组大、免疫逃逸机制复杂多样，可逃避宿主免疫细胞的清除。现阶段已研制的一些非洲猪瘟疫苗，虽然能诱导产生一定水平的抗体，但并不具备中和非洲猪瘟病毒的能力，无法达到有效防控非洲猪瘟的目的。由于疫苗研发困难，基于国际上非洲猪瘟防控经验，当前首要任务依然是完善非洲猪瘟综合防控措施，同时强化新型免疫技术攻关。

9. 非洲猪瘟强制扑杀后怎么补助？

现在非洲猪瘟已经纳入我国强制扑杀补助范围，对强制扑杀的生猪平均给予1 200元/头的补助。所以，养殖场（户）不应有太多顾虑，应及时主动报告疫情，配合有关部门做好疫情处置工作，坚决彻底拔除疫点，降低疫病传播风险。

二、非洲猪瘟防控

1. 非洲猪瘟的病原及特点是什么？

非洲猪瘟病毒（ASFV）为有囊膜的单分子线状双链DNA病毒，是非洲猪瘟病毒科的唯一成员。病毒粒子的直径为175~215nm，呈二十面体对称结构。基因组为双股线状DNA，末端以共价键闭合，全长170~190kb，含有151个开放阅读框，可编码150~200种蛋白。非洲猪瘟病毒虽然只有1种血清型，但有8个血清群，23个基因型，这说明了非洲猪瘟流行病学的复杂性。

2. 非洲猪瘟病毒的抵抗力如何？

在适宜的、蛋白质丰富的环境中，非洲猪瘟病毒在较宽的温度和pH范围内可以保持稳定，并且对多种消毒剂具有抵抗性。病毒在60℃加热30分钟会灭活。在室温下，非洲猪瘟病毒在血清中可存活18个月；在冰柜内，非洲猪瘟病毒在冷冻的血液中可存活6年；在冰冻猪尸体内，非洲猪瘟病毒可以存活15年；37℃时，非洲猪瘟病毒可在血液中存活1个月。在pH 4~10范围内病毒毒力稳定。非洲猪瘟病毒在粪便中至少可存活11天，在腐败的血清中可存活15周，在腐败的骨髓中可存活数月。在冷冻肉等食品中，非洲猪瘟病毒至少15周仍具有感染性；非洲猪瘟病毒在尚未经高温蒸煮或烟熏的火腿、香肠中，3~6个月仍保持感染性。用经蒸煮、干燥和烟熏的猪肉及下脚料喂猪，存在传染非洲猪瘟病毒的潜在风险。

3. 非洲猪瘟的流行病学特征是什么？

（1）易感动物：猪科的所有动物都易感，但仅对家猪及欧亚野猪致病。非洲野生猪科动物（包括疣猪、非洲灌丛野猪、假面野猪和巨型森林野猪）

是 ASFV 的无症状携带者，并作为非洲部分地区的病毒宿主。

（2）自然宿主：钝缘（软）蜱与非洲野生猪科动物都是 ASFV 的天然宿主。

（3）传染源：携带 ASFV 的野猪和发病家猪的分泌物及排泄物、含有病死猪组织或 ASFV 污染的泔水、含 ASFV 的猪肉及其制品，以及带毒的钝缘（软）蜱。

（4）传播途径：健康猪与患病猪或污染物直接接触是非洲猪瘟最主要的传播途径。另外，非洲猪瘟也可通过蜱等媒介昆虫叮咬传播。

4. 非洲猪瘟猪感染潜伏期多久？

潜伏期的长短取决于病毒、宿主和感染方式，一般为 4~19 天。

5. 非洲猪瘟的发病机制是什么？

呼吸道和消化道是 ASFV 入侵的主要门户。病毒感染机体后，首先在扁桃体中进行增殖，伴随血液循环进入循环系统而引起病毒血症，并在血管内皮细胞或巨噬细胞中进行复制。病毒对毛细血管、动脉、静脉和淋巴结的内皮细胞进行侵袭，导致相应组织和器官出现出血、浆液性渗出、血栓和梗死等病理变化，以及出现淋巴细胞凋亡、免疫系统受损、淋巴细胞显著减少等特征性症状。

6. 非洲猪瘟的临床症状有哪些？

根据病毒的毒力和感染途径不同，非洲猪瘟可表现为特急性、急性、亚急性和慢性等不同的类型。

（1）特急性型：特征是体温升高（41~42℃），食欲不振和精神沉郁。1~3 天可能发生突然死亡。通常情况下，临床症状和器官病变都不明显。

（2）急性型：在 4~7 天（极少情况下可长达 14 天）的潜伏期后，患有急性型非洲猪瘟的猪出现体温升高（40~42℃），食欲不振，嗜睡且虚弱，蜷缩在一起，呼吸频率增加。急性型容易与其他疫病相混淆，主要包括经典猪瘟、猪丹毒、沙门菌病以及其他原因引起的败血症。受感染的猪可能会不同程度地表现出一种或几种临床症状。在耳朵、腹部和（或）后腿出现青紫区和出血点（斑点状或片状）；胸部、腹部、会阴、尾巴和腿部皮肤发红；便秘或腹泻，排泄物可能带黏液到血液（黑便），尾部周围的区域可能被带血的粪便污染；呕吐；妊娠母猪流产；鼻、口腔有血液泡沫，眼睛有分泌物。

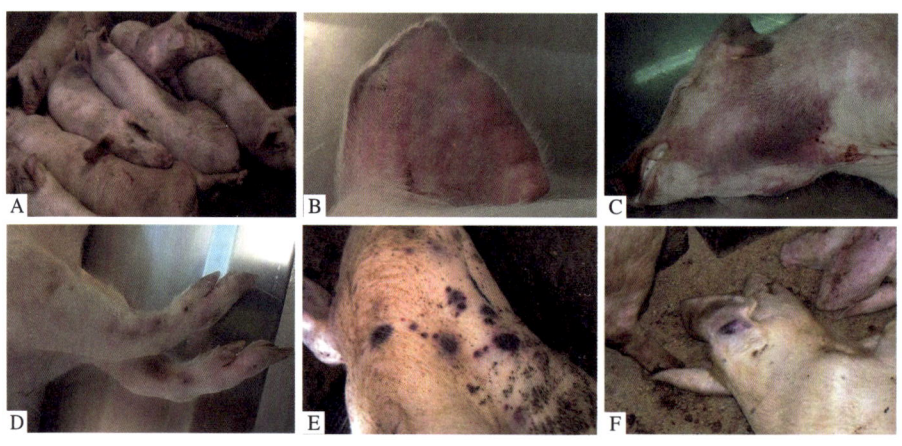

急性型非洲猪瘟临床症状
A.猪只抱团；B.耳朵发绀；C、D.颈部、四肢有明显的充血；E、F.颈部、耳朵皮肤表面坏死

（3）亚急性型：亚急性型非洲猪瘟的临床症状与急性型的临床症状相似，除较为明显的血管病变外，主要是出血和水肿。常见不同程度的体温升高，伴随着沉郁和食欲不振；行走时可能会出现疼痛，关节通常会因积液和纤维化而肿胀。有时出现呼吸困难和肺炎的症状。妊娠母猪可能流产。

（4）慢性型：临床症状为感染后14～21天开始轻度体温升高，伴随轻度呼吸困难和中度至重度关节肿胀。通常还会出现皮肤红斑、凸起和坏死。

7. 非洲猪瘟的剖检病变特点有哪些？

脾脏显著增大，一般情况下是正常脾的3～6倍，且颜色变暗、质地变脆。淋巴结增大、水肿及出血。肾脏表面有瘀点（斑点状出血）。皮下出血。心包积液和体腔积水。心外膜、膀胱和肾脏（皮质和肾盂）有出血点。气

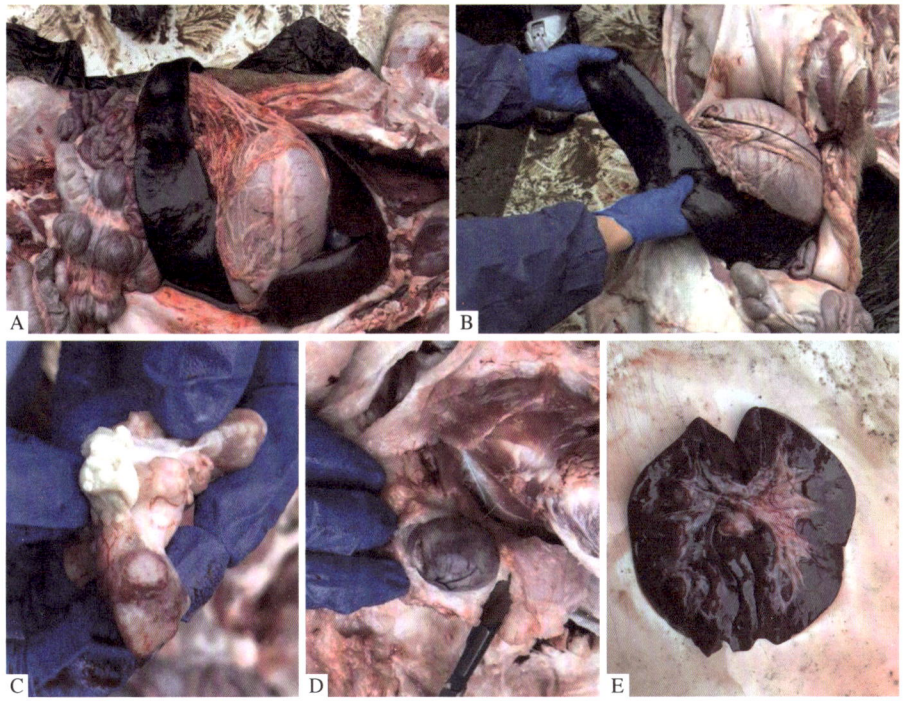

非洲猪瘟常见剖检病变
A、B.脾脏高度肿胀；C.淋巴结肿大；D.心外膜出血；E.肾脏髓质和肾盂出血

管和支气管有泡沫。肺充血、瘀血和水肿；肝瘀血，胆囊肿大出血；胃、小肠和大肠出血。

8. 非洲猪瘟和猪瘟如何鉴别诊断？

猪瘟病毒属于黄病毒科的瘟病毒属成员，该疫病临床表现与非洲猪瘟相似。急性猪瘟呈现出和急性非洲猪瘟几乎相同的临床症状和病理变化，且死亡率极高。实验室检测是区分两种疫病的唯一方法。

9. 非洲猪瘟现场排查前的人员准备有何要求？

了解非洲猪瘟基本知识（基本的生物学特征、流行病学特点、临床表现、剖检病理变化等）；了解非洲猪瘟感染与传播的高风险因素（饲喂泔水、生物安全水平低、贩运动物、猪肉及其制品流通等）；了解排查工作中需遵守的生物安全操作要求，避免人为造成传播；养殖户等相关人员可能面临较大压力，排查人员应注意工作方式方法。

10. 非洲猪瘟现场排查前的车辆准备有何要求？

车辆必须彻底清洗和消毒；车辆不得携带无关物品；在车内、车的后备箱里铺塑料布以防污染。

11. 非洲猪瘟现场排查前需要准备哪些物品？

（1）进场所需材料清单

☐ 胶靴；
☐ 一次性生物安全防护服；
☐ 口罩；
☐ 鞋套或靴套；
☐ 一次性乳胶手套；
☐ 洗涤剂及刷子；
☐ 消毒剂及喷壶（适用于 ASFV 的消毒剂）；
☐ 垃圾袋（包括生物危害垃圾袋）；
☐ 自封袋（用来装手机或其他设备）；
☐ 面部用消毒湿巾；
☐ 密封用胶带；
☐ 护目镜。

（2）采样所需材料清单

一般材料：

☐ 标签和记号笔；
☐ 数据记录表、笔、写字板；
☐ 盛放针头和刀片的锐器盒；
☐ 高压灭菌袋；

☐ 用于环境采样的拭子和盛放拭子用的离心管。

样品包装运输所需材料：

☐ 容器、离心管、小瓶（防漏并标示清楚）；

☐ 吸水纸；

☐ 密封性好的容器或袋子，以及作为二次包装（即防漏）、用于储存动物样品的容器和采血管；

☐ 冷藏箱（4℃）；

☐ 便携式 –80℃冷冻箱、干冰、液氮罐（仅在远离设备齐全的实验室进行取样时才需要）；

☐ 保定动物的材料（如套索、木板）。

采血所需材料：

☐ 消毒剂和脱脂棉（酒精棉）；

☐ 不含抗凝剂的无菌采血管（10mL）；

☐ 含有 EDTA 的无菌采血管（10mL）；

☐ 根据猪的大小和采样部位（颈静脉、耳缘静脉）选取真空采血管或 10~20mL 注射器。

组织采样所需材料：

☐ 样品架或冻存盒，装有足量冰/冰袋的冰盒；

☐ 用于收集病料的 2mL 无菌冻存管（采完的样品放在冰上）或小号密封袋；

☐ 带刀片的手术刀、镊子和剪刀；

☐ 盛有消毒剂的容器，用于对刀、剪刀进行消毒，避免不同脏器和不同动物个体之间的交叉污染；

☐ 如进行病理学检查，可使用密封的塑料容器，内装 10% 中性福尔马林缓冲液（动物脏器与福尔马林体积比为 1：10）；

☐ 处置动物尸体所需的适当材料。

12. 非洲猪瘟现场排查时进出养殖场有何要求？

（1）抵达养殖场：车辆停在养殖场入口附近，不得驶进场内。进入养殖场的人员，应在养殖场指定的地点（清洁区）穿戴个人防护设备（如需要，应遵循养殖场的要求进行个人防护），并进行物资的准备、制备消毒剂等。进入养殖场生产区域前，脱下和摘掉不必要的衣服和物品，清空衣服口袋，并按照养殖场进场程序（沐浴洗澡或其他方式）进入生产区域。电子设备应放置在密封的塑料袋中，以便随后进行清洁和消毒；在养殖场内，只能通过塑料袋使用手机，不要从袋子里拿出；其他非一次性物品，应在消毒后进场，如需要，应按照养殖场物资进场程序进行消毒后进场。消毒工作要在清洁干燥的地面进行，应划分清洁和非清洁区并保证界线清晰。

（2）穿戴个人防护设备（在清洁区）：脱下鞋子，并放在塑料布上。在遵守养殖场进场要求的前提下，部分场需要脱去全部个人衣服，洗澡后穿戴养殖场内部衣服方可进场。部分场可以首先穿戴一次性防护服，穿上靴子，戴上手套（用胶带封上）；如果需要穿防水服，防水服应套在靴子外层，再戴一层手套，方便中间更换；靴套至少覆盖胶鞋底部和下部。进场前，戴口罩并仔细检查物品清单。

（3）离场前准备：在非清洁区域对接触过养殖场的所有物品进行清洗和消毒处理；对盛放样品容器的表面进行消毒，然后放在清洁区；脱下鞋套放入非清洁区的垃圾袋中，然后彻底擦洗靴子（特别是鞋底）；脱下手套并放入非清洁区的垃圾袋中；脱下一次性防护服并放入非清洁区的垃圾袋中；脱下靴子，对靴子进行消毒后放入清洁的袋子里；手和眼镜也必须进行消毒，并用消毒湿巾清洁脸部。

进入生产区域的人员在指定区域进行沐浴更衣后方可离开。非一次性物品（胶靴等）和盛放样品的容器用双层袋盛放并用胶带封装；可穿回日常的鞋子；携带出养殖场的袋子需放在车辆内预先铺好的塑料布上；接触过样品或潜在污染的车辆进行重点清洗和消毒。

在离开可能受到污染的区域之前，清洁和消毒汽车的轮胎和表面；清除所有可见的污垢，且不要忘记清理隐藏的区域，如车轮拱、轮胎板和汽车底部。清除所有污垢后，用消毒剂喷洒表面；处理车内所有垃圾并清理所有污垢（应妥善处理垃圾）。用浸有消毒剂的布擦拭方向盘、变速杆、踏板、手闸等。

（4）离场后要求：如果进入了疑似感染场，确诊前不应前往任何饲养生猪的场所；如果确认该场感染了非洲猪瘟，3天内不应前往任何有猪的场所。再次对汽车内部和外部进行消毒，清除汽车上的所有塑料布，并妥善处理。

13. 如何开展非洲猪瘟的现场排查？

根据非洲猪瘟的流行病学特征、临床症状、剖检病变开展现场排查工作，并注意与其他疫病的鉴别诊断。重点对辖区内生猪养殖场（户）、屠宰场、交易市场、无害化处理场所等重点场所和从疫区调入的生猪开展全面排查，启动紧急排查日报制。发现不明原因生猪死亡的，应立即限制移动，并按程序上报。

14. 全血、血清、器官和组织样品以及环境样品如何采集？

（1）全血：采血过程中应保持无菌操作。采血前，先用酒精棉对采血部位进行局部消毒；采血完毕，进行局部消毒并用干棉球按压止血。使用含有抗凝血剂（EDTA）的真空采血管从颈静脉、前腔静脉或耳缘静脉抽取全血；如果动物已经死亡，可立即从心脏中采血。避免使用含肝素的真空采血管。

（2）血清：使用未加抗凝剂的真空采血管从颈静脉、前腔静脉、耳缘静脉采血，或剖检过程收集血液样品；静置分离后，收集血清。血清样品在分离后可以立即开展检测；如果需要储存，用于抗体检测时应储存在 -20 ℃，用于病毒检测时应储存于 -80 ℃。

（3）器官和组织样品：可采集脾脏、淋巴结、肝脏、扁桃体、心脏、肺和肾脏样品，最好采集脾脏和淋巴结，因其病毒含量最高。对于死亡时间较长的动物，可采集骨髓样品，也可采集关节内组织液。建议将样品保持在4℃，并尽快提交给实验室。如无法及时送样，应将样品保持在 -20 ℃。

样品的最小需求量：血清1mL，全血1mL，组织样品10g。

（4）环境样品：可多点采集养殖场环境拭子，如粪便、泔水、饲料等。建议样品4℃以下保存。

15. 采样信息如何记录？

采样的同时，应填写采样单。采样单应用钢笔或签字笔逐项填写（一式三份）；样品标签和封条应用签字笔填写；保温容器外封条应用钢笔或签字笔填写；小塑料离心管上可用记号笔做标记。应将采样单和病史资料装在塑料包装袋中，并随样品送实验室。每个样品应能对应到来源动物。

样品信息应至少包括以下内容：畜主姓名和养殖场地址；养殖场饲养动物品种及数量；疑似或被感染动物或易感动物种类及数量；首发病例和继发病例的日期；感染动物在畜群中的分布情况；死亡动物数、出现临床症状的动物数量及年龄；临床症状及其持续时间，死亡情况和时间等；饲养类型和标准，包括饲料来源等；送检样品清单和说明，包括病料种类、保存方法等；动物免疫和治疗史；送检者的姓名、地址、邮编、电话和邮箱；送检日期；采样人和被采样单位签章。

16. 样品包装有何要求？

推荐样品使用"三重包装系统"，并正确标记，以防止泄漏。内附采样单。

（1）直接盛装容器：样品应该储存在密封、无菌的主容器中。根据检验样品性状及检验目的选择不同的容器。每个样品容器外应做好标记，注明样品名、样品编号、采样日期等，要能明确识别来自哪只动物。

（2）二次包装：吸收材料也应放置在二次包装容器内。如果将多个易碎的主容器放置在同一个二次容器中，则必须单独包装或分离，以防止相互接触。二次包装容器应贴封条，封条上应有采样人签章，并注明贴封日期、标注放置方向。

（3）坚硬的外部包装：外包装在盛装液体的情况下不得超过4L，在固体物质的情况下不得超过4kg。样品必须保持4℃或更低温度。注意：切勿冻结全血或混合有血凝块的血清。

（4）外包装标签和标记："B类感染物质"标签，其正确的运输名称旁边标注"B类感染物质"；采样负责人的全名、地址和电话号码；实验室联系人的全名、地址和电话号码；标签上标明"4℃""-20℃"或"-80℃"保存。

17. 样品运输有何要求？

样品应尽快送达检测实验室，以避免变质并确保最佳效果。包装应符合危险微生物运输规范，不发生泄露。运送的样品必须有足够数量的冷却材料，以防止变质。样品登记表应标明采样地点、时间、动物种类、样品种类、初步的临床诊断结果等。

18. 如何开展非洲猪瘟实验室诊断？

从流行病学调查、临床症状、剖检变化等指标怀疑非洲猪瘟疫情后，应对采集的样品进行实验室检测。

抗体检测可采用间接酶联免疫吸附试验、阻断酶联免疫吸附试验和间接荧光抗体试验等方法。病原学快速检测可采用双抗体夹心酶联免疫吸附试验、聚合酶链式反应和实时荧光聚合酶链式反应等方法。病毒分离鉴定可采用细胞培养、动物回归试验等方法。

开展病原学快速检测的样品必须灭活，检测工作应在符合相关生物安全要求的省级动物疫病预防控制机构实验室、中国动物卫生与流行病学中心（国家外来动物疫病研究中心）或农业农村部指定实验室进行。开展病毒分离鉴定的实验室生物安全水平必须达到 BSL-3 或 ABSL-3。

19. 哪些消毒剂对非洲猪瘟病原的消毒效果较好？

最有效的消毒剂是去污剂、次氯酸盐、碱类及戊二醛。0.8% 的氢氧化钠（30 分钟）、含 2.3% 氯的次氯酸盐（30 分钟）、0.3% 福尔马林（30 分钟）、3% 邻苯基苯酚（30 分钟）可灭活病毒。碱类（氢氧化钠、氢氧化钾等）、氯化物和酚类化合物适用于建筑物、木质结构、水泥表面、车辆和相关设施设备消毒；酒精和碘化物适用于人员消毒。不易消毒的设备放置在阳光下暴晒消毒。

20. 如何正确对疫点、疫区场地和设施进行消毒？

（1）猪舍消毒：选择合适的消毒药品进行喷雾消毒，要求喷洒均匀，不留死角。

消毒前必须彻底清除舍内的猪只、有机物、污物、粪便、饲料、垫料等。取出舍内可移动的设备，洗净、晾干、置于阳光下暴晒。彻底清扫猪舍内外的粪便、污物，疏通沟渠。舍内的地面、走道、墙壁等处用水冲洗干净，栏栅、笼具洗刷干净。

对清理出的饲料、垫料可采用堆积发酵或焚烧等方式处理，对粪便等污物做化学处理后采用深埋、堆积发酵或焚烧等方式处理。对金属设施、设备，可采用火焰、熏蒸等方式消毒。

对疫区范围内办公、饲养人员的宿舍、公共食堂等场所，采用喷洒方式消毒。

（2）道口消毒：猪场大门处设消毒池，主要供出入猪场的人员和车辆通过时消毒。猪场进出口除了设消毒池、进出人员要穿的消毒鞋、设紫外线消毒间外，进出人员还需要洗手消毒。对疫区交通道口的运输车辆，特别是运猪车辆的车厢内外都要进行全面的喷洒消毒。

（3）人员及物品消毒：饲养人员可采取淋浴消毒，对衣、帽、鞋等可能被污染的物品，可采取消毒液浸泡、高压灭菌等方式消毒。疫点每天应消毒3~5次，连续7天，之后每天消毒1次，持续消毒15天；疫区临时消毒站做好出入车辆和人员消毒工作，直至解除封锁。规范车辆进出管理，对出入疫点、疫区的车辆消毒应由上至下、顺风向进行喷雾消毒，要求覆盖全车且车轮无附着物。

21. 如何普及非洲猪瘟防控知识？

通过广播、电视、报纸等媒体广泛宣传非洲猪瘟防控知识、防控政策和相关的法律法规，提高各级干部群众和养殖场（户）对非洲猪瘟危害的认识，营造群防群控的良好氛围；加强基层技术人员培训，提高识别和诊断非洲猪瘟的能力和水平，及时发现、报告和处置疑似疫情，消除疫情隐患；

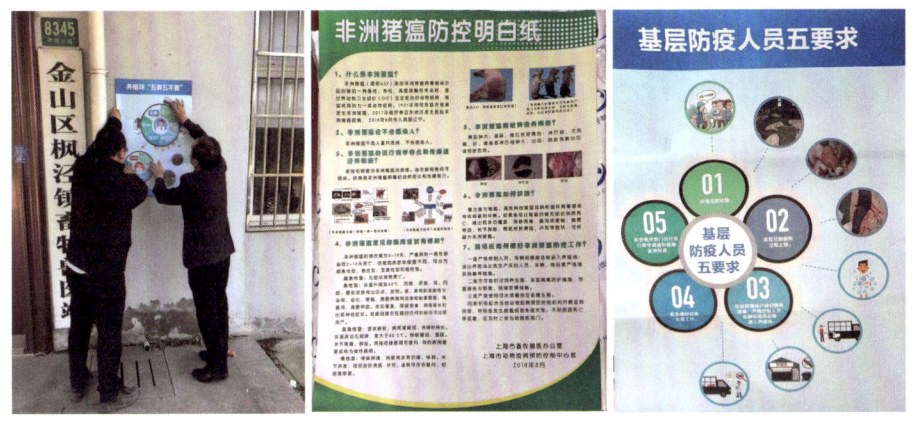

加强非洲猪瘟防控措施的宣传工作，使各部门、各单位防控措施落实到位。发放告知书、防控明白纸等资料。

22. 如何通过道口检疫防止非洲猪瘟疫情扩散？

上海市场主要依赖外省市生猪及猪肉产品供应，上海与周边接壤的道口有8个，对道口严查是防止非洲猪瘟扩散的第一道防线。自我国首例非洲猪瘟疫情发生后，按照农业农村部紧急视频会议精神及市农委领导指示要求，上海市动物卫生监督所制定了一系列防控措施：对于市境道口防控工作，每个道口工作人员都要有条不紊对进沪车辆进行层层检查，并进行系统布控，联合公安、路政等相关部门做好非指定道口的专项检查，切实保障入沪动物及动物产品安全。在道口动态信息管理系统平台，将全国发生疫情的地区所在地级市范围纳入高风险范围。供沪生猪经过道口时，首先进行整车车辆消毒，执法人员严格检查生猪的生命体征，检查正常后，抽取生猪上的耳标，核对动物检疫合格证明上的信息进行比对。严禁来自疫区的生猪、问题生猪和猪肉产品进入上海市场。非疫区的车辆在人工查验完成后，通过全国联网的系统核查，敲过章、贴上可追溯的二维码，方能放行。

23. 如何在机场、码头开展检疫，防止非洲猪瘟侵入？

国际性的航空港、海港是 ASFV 通过该途径跨地域传播的高风险地点。制订严格的进口隔离检疫政策和落实边境检疫是防止 ASFV 传入我国的重要举措，是构成非洲猪瘟防控的第一道防线。

（1）加强进口检疫：禁止从疫区引种及进口相关产品。从无非洲猪瘟的国家或地区进口家猪和野猪、猪肉和猪肉制品、猪精液、猪胚胎、受精卵以及用于制备药物制剂原料的其他猪制品，都要有严格的检疫控制措施。2008 年在阿塞拜疆发生的非洲猪瘟，就是由于引种时没有严格检疫，引入带毒种猪而引起发病的。

（2）加强边境检疫：在 OIE 法典中，非洲猪瘟的边境检疫重点应放在国际机场、海港码头、国际边境交汇点，检查含有猪肉或猪肉制品的食物和其他风险物质。查获的风险物质以及国际航空港、海港的废弃食物要通过深埋、焚烧、化制等方法进行无害化处理。例如，2007 年 6 月，发生在格鲁吉亚的首例非洲猪瘟疫情，经联合国粮农组织（FAO）调查确认病毒是由来自东非地区的国际航班携带的被污染的肉类或肉制品废弃物处理不当丢弃后造成的。该病毒在格鲁吉亚迅速蔓延，造成该国 52 个地区发生疫情，并随后蔓延至亚美尼亚。

24. 如何监管生猪调运，防止非洲猪瘟疫情扩散？

在非洲猪瘟的传播中，人为调运生猪是病毒传播的重要方式。我国已查明的 68 起家猪非洲猪瘟疫情中，由生猪及其制品跨区域调运引发的疫情有 13 起，占全部疫情的 19%；由生猪调运车辆和贩运人员携带病毒后，不经彻底消毒进入其他猪场造成疫情扩散的，占全部疫情的 46%。因此，加强生猪调运监管、严格流通管理是防止疫情扩散的重要举措之一。要加强对调运生猪及其车辆的查验，严格执行《中华人民共和国农业农村部公告第 79 号》规定，发现运输车辆未按规定备案、清洗消毒以及调运生猪及生猪产品未附有动物检疫证明的，按照《中华人民共和国动物防疫法》和有关规定处理。要重点加强对生猪跨省调运的监管，发现违规调运生猪及生猪产品的，不得劝返，应立即扣押并规范处置。要加强与交通运输、公安等部门的协作配合，充分运用当地依法设立的各类检查站，加大检查力度，并为有关部门开展工作提供技术支撑。要规范种猪调运监管，配合海关部门做好供港澳活猪运输期间监管工作，严格实施各类监管措施，全力保障生猪基础产能和市场安全稳定供应。

25. 生物安全防护在非洲猪瘟防控中有何作用？

由于目前在世界范围内没有研发出可以有效预防非洲猪瘟的疫苗，所以做好养殖场生物安全防护是防控非洲猪瘟的关键。

生物安全是预防传染因子进入畜禽生产的每一个阶段所采取的规定与措施。针对养猪场应做到管住车、守住门、把住料、盯住人、看住猪、关注邻。具体措施如下：

一是严格控制人员、车辆和易感动物进入养殖场；进出养殖及其生产区的人员、车辆、物品要严格落实消毒等措施。

二是尽可能封闭饲养生猪，采取隔离防护措施，尽量避免与野猪、钝缘（软）蜱接触。

三是严禁使用泔水或餐余垃圾饲喂生猪。

四是积极开展疫病监测排查，特别是发生不明原因死亡等现象，应及时上报当地兽医部门。

26. 为什么饲料中禁止使用猪血制品？

由于 ASFV 在血液、骨髓等组织器官中含量很高且对外界抵抗力极强，因此根据《中华人民共和国农业农村部公告第 64 号》相关规定，禁止将猪血制品用作饲料成分添加。

27. 为什么要禁止用泔水喂猪？

国际上多年来的非洲猪瘟防控实践表明，餐厨剩余物饲喂生猪是非洲猪瘟传播的重要途径。国外有专家对 2008～2012 年查明的 219 起非洲猪瘟疫情进行分析，发现 45.6% 的疫情系由饲喂餐厨剩余物引起的。在我国发生的前 21 起非洲猪瘟疫情中，有 62% 的疫情与饲喂餐厨剩余物有关。

28. 为什么要对非洲猪瘟病死猪进行无害化处理？

因为病死猪有可能引起环境污染、疫病传播等公共卫生事件，事关食品安全和生态环境安全。一般来说，无害化处理主要有填埋处理、焚烧处理、堆肥处理 3 种处理方法。

29. 非洲猪瘟病死猪采取深埋处置是否有效？

深埋法是病死动物无害化处理的主要方式之一，也是国际上的通行做法。按照《病死及病害动物无害化处理技术规范》规定，深埋法对处理程序有明确技术要求，特别是对生石灰撒放、表面覆土的厚度有明确的要求。生石灰属于强碱，只要处理过程符合要求，就能够有效杀死非洲猪瘟病毒。同时，非洲猪瘟病毒对高温敏感，60℃经 30 分钟即可灭活。深埋病死猪有一个生物发酵发热过程，特别是生石灰遇水也会产生大量热量，多重措施能够保证彻底杀死非洲猪瘟病毒。

30. 在非洲猪瘟防控中，疫点、疫区和受威胁区如何划分？

疫情确诊后，应立即启动相应级别的应急预案，划定疫点、疫区和受威胁区。

划定疫区、受威胁区时，应根据当地天然屏障（如河流、山脉等）、人工屏障（如道路、围栏等）、野生动物分布情况，以及疫情追溯调查和风险分析结果综合评定划定。

（1）疫点：发病猪所在的地点。相对独立的规模化养殖场（户），以病猪所在的场（户）为疫点；散养猪以病猪所在的自然村为疫点；放养猪以病猪所在的活动场地为疫点；在运输过程中发生疫情的，以运载病猪的车、船等运载工具为疫点；在市场发生疫情的，以病猪所在的市场为疫点；在屠宰加工过程中发生疫情的，以屠宰加工场为疫点。

（2）疫区：由疫点边缘向外延伸3km的区域均划为疫区。

（3）受威胁区：由疫区边缘向外延伸10km的区域称为受威胁区。

31. 发现非洲猪瘟可疑疫情后应如何处置？

任何单位和个人发现家猪、野猪异常死亡或不明原因大范围生猪死亡的情形，应当立即向当地兽医主管部门、动物卫生监督机构或者动物疫病预防控制中心报告。接到报告后，县级（区级）兽医主管部门应组织2名以上兽医人员立即到现场进行调查核实，初步判定为非洲猪瘟临床可疑疫情的，应立即采集样品送省级动物疫病预防控制中心；省级动物疫病预防控制中心诊断为非洲猪瘟疑似疫情的，应立即将疑似样品送中国动物卫生与流行病学中心（国家外来动物疫病研究中心），或农业农村部指定实验室进行复核和确诊。

对发病场（户）的动物实施严格的隔离、监视，禁止易感动物及其产品、饲料及有关物品移动，并对其内外环境进行严格消毒。

32. 确诊非洲猪瘟疫情后应如何处置？

疫情确诊后，应立即启动相应级别的应急预案。

（1）划定疫点、疫区和受威胁区。

（2）封锁：疫情发生所在地县级（区级）以上兽医主管部门报请同级人民政府对疫区实行封锁，人民政府在接到报告后，应在24小时内发布封锁令。跨行政区域发生疫情时，由有关行政区域共同的上一级人民政府对疫区实行封锁，或者由各有关行政区域的上一级人民政府共同对疫区实行封锁。必要时，上级人民政府可以责成下级人民政府对疫区实行封锁。

（3）对疫点应采取的措施：扑杀并销毁疫点内所有猪只，并对所有病死猪、被扑杀猪及其产品进行无害化处理。对排泄物、被污染或可能被污染的饲料、垫料、污水等进行无害化处理。对污染或可能被污染的物品、交通工具、用具、猪舍、场地进行严格彻底消毒。出入人员、车辆和相关设施要按规定进行消毒。禁止易感动物出入和相关产品调出。

（4）对疫区应采取的措施：在疫区周围设立警示标志，在出入疫区的交通路口设置临时消毒站，执行监督检查任务，对出入的人员和车辆进行消毒。扑杀并销毁疫区内的所有猪只，并对所有被扑杀猪及其产品进行无害化处理。对猪舍、用具及场地进行严格消毒。禁止易感动物出入和相关产品调出。关闭生猪交易市场和屠宰场。

（5）对受威胁区应采取的措施：禁止易感动物出入和相关产品调出。相关产品调入必须进行严格检疫。关闭生猪交易市场。对生猪养殖场、屠宰场进行全面监测和感染风险评估，及时掌握疫情动态。

（6）野生动物控制：应对疫区、受威胁区及周边地区野猪分布状况进行调查和监测，并采取措施，避免野猪与人工饲养的猪接触。当地兽医部门与林业部门应定期互相通报有关信息。

（7）虫媒控制：在钝缘（软）蜱分布地区，疫点、疫区、受威胁区的养猪场（户）应采取杀灭钝缘（软）蜱等虫媒控制措施。

（8）疫情跟踪：对疫情发生前30天内以及采取隔离措施前，从疫点输出的易感动物、相关产品、运输车辆及密切接触人员的去向进行跟踪调查，分析评估疫情扩散风险。必要时，对接触的猪进行隔离观察，对相关产品进行消毒处理。

（9）疫情溯源：对疫情发生前30天内，引入疫点的所有易感动物、相关产品及运输工具进行溯源性调查，分析疫情来源。必要时，对接触的猪进行隔离观察，对相关产品进行消毒处理。

（10）解除封锁：疫点和疫区内最后一头猪死亡或扑杀，并按规定进行消毒和无害化处理6周后，经疫情发生所在地的上一级兽医主管部门组织验收合格后，由所在地县级（区级）以上兽医主管部门组织验收合格后，由所在地县级（区级）以上兽医主管部门向原发布封锁令的人民政府申请解除封锁，由该人民政府发布解除封锁令，并通报毗邻地区和有关部门，报上一级人民政府备案。

（11）处理记录：对疫情处理的全过程必须做好完整详实的记录，并归档。

附 录

农业农村部关于印发《非洲猪瘟疫情应急实施方案（2019年版）》的通知

各省、自治区、直辖市及计划单列市畜牧兽医（农业农村、农牧）厅（局、委、办），新疆生产建设兵团畜牧兽医局，部属有关事业单位：

为进一步做好非洲猪瘟疫情应急处置工作，农业农村部根据《中华人民共和国动物防疫法》《重大动物疫情应急条例》《国家突发重大动物疫情应急预案》等有关法律法规规定，组织制定了《非洲猪瘟疫情应急实施方案（2019年版）》，并印发至各有关单位，要求各有关单位遵照执行。《农业部关于印发〈非洲猪瘟防治技术规范（试行）〉的通知》（农医发〔2015〕31号）和《农业部关于印发〈非洲猪瘟疫情应急预案〉的通知》（农医发〔2017〕28号）同时废止。

非洲猪瘟疫情应急实施方案

(2019年版)

为有效预防、控制和扑灭非洲猪瘟疫情，切实维护养猪业稳定健康发展，保障猪肉产品供给安全，根据《中华人民共和国动物防疫法》《中华人民共和国进出境动植物检疫法》《重大动物疫情应急条例》《国家突发重大动物疫情应急预案》等有关规定，制定本实施方案。

一、疫情报告与确认

任何单位和个人，一旦发现生猪、野猪异常死亡等情况，应立即向当地畜牧兽医主管部门、动物卫生监督机构或者动物疫病预防控制机构报告。

县级以上动物疫病预防控制机构接到报告后，根据临床诊断和流行病学调查结果怀疑发生非洲猪瘟疫情的，应判定为可疑疫情，并及时采样送省级动物疫病预防控制机构进行检测。相关单位在开展疫情报告、送检、调查等工作时，要及时做好记录备查。

对首次发生疑似非洲猪瘟疫情的省份，省级动物疫病预防控制机构根据检测结果判定为疑似疫情后，应立即将样品送中国动物卫生与流行病学中心确诊，同时按要求将疑似疫情信息以快报形式报中国动物疫病预防控制中心。

对再次发生疑似非洲猪瘟疫情的省份，由省级动物疫病预防控制机构进行确诊，同时按要求将确诊疫情信息以快报形式报中国动物疫病预防控制中心，将病料样品送中国动物卫生与流行病学中心备份。

对由中国动物卫生与流行病学中心确诊的疫情，中国动物卫生与流行病学中心按规定同时将确诊结果通报样品来源省级动物疫病预防控制机构和中国动物疫病预防控制中心。中国动物疫病预防控制中心按程序将有关信息报农业农村部。农业农村部根据确诊结果和相关信息，认定并发布非洲猪瘟疫情。

在生猪运输过程中，动物卫生监督检查站查到的非洲猪瘟疫情，其疫情认定程序，由农业农村部另行规定。

各地海关、林业和草原部门发现可疑非洲猪瘟疫情的，要及时通报所在地省级畜牧兽医主管部门。所在地省级畜牧兽医主管部门按照上述要求及时组织开展样品送检、信息上报等工作，按职责分工，与海关、林业和草原部门共同做好疫情处置工作。农业农村部根据确诊结果,认定并发布疫情。

二、疫情响应

(一)疫情分级

根据疫情流行特点、危害程度和涉及范围,将非洲猪瘟疫情划分为四级:特别重大(Ⅰ级)、重大(Ⅱ级)、较大(Ⅲ级)和一般(Ⅳ级)。

1. 特别重大(Ⅰ级)疫情

全国新发疫情持续增加、快速扩散,30天内多数省份发生疫情,对生猪产业发展和经济社会运行构成严重威胁。

2. 重大(Ⅱ级)疫情

30天内,5个以上省份发生疫情,疫区集中连片,且疫情有进一步扩散趋势。

3. 较大(Ⅲ级)疫情

30天内,2个以上、5个以下省份发生疫情。

4. 一般(Ⅳ级)疫情

30天内,1个省份发生疫情。必要时,农业农村部将根据防控实际对突发非洲猪瘟疫情具体级别进行认定。

(二)疫情预警

发生特别重大(Ⅰ级)、重大(Ⅱ级)、较大(Ⅲ级)疫情时,由农业农村部向社会发布疫情预警。发生一般(Ⅳ级)疫情时,农业农村部可授权相关省级畜牧兽医主管部门发布疫情预警。

(三)分级响应

发生非洲猪瘟疫情时,各地、各有关部门按照属地管理、分级响应的原则作出应急响应。

1. 特别重大(Ⅰ级)疫情响应

农业农村部根据疫情形势和风险评估结果,报请国务院启动Ⅰ级应急响应,启动国家应急指挥机构;或经国务院授权,由农业农村部启动Ⅰ级应急响应,并牵头启动多部门组成的应急指挥机构。

全国所有省份的省、市、县级人民政府立即启动应急指挥机构,实施非洲猪瘟防控工作日报告制度,组织开展紧急流行病学调查和排查工作。对发现的疫情及时采取应急处置措施。各有关部门按照职责分工共同做好非洲猪瘟疫情防控工作。

2. 重大（Ⅱ级）疫情响应

农业农村部，以及发生疫情省份及相邻省份的省、市、县级人民政府立即启动Ⅱ级应急响应，并启动应急指挥机构工作，实施非洲猪瘟防控工作日报告制度，组织开展监测排查。对发现的疫情及时采取应急处置措施。各有关部门按照职责分工共同做好非洲猪瘟疫情防控工作。

3. 较大（Ⅲ级）疫情响应

农业农村部，以及发生疫情省份的省、市、县级人民政府立即启动Ⅲ级应急响应，并启动应急指挥机构工作，实施非洲猪瘟防控工作日报告制度，组织开展监测排查。对发现的疫情及时采取应急处置措施。各有关部门按照职责分工共同做好非洲猪瘟疫情防控工作。

4. 一般（Ⅳ级）疫情响应

农业农村部，以及发生疫情省份的省、市、县级人民政府立即启动Ⅳ级应急响应，并启动应急指挥机构工作，实施非洲猪瘟防控工作日报告制度，组织开展监测排查。对发现的疫情及时采取应急处置措施。各有关部门按照职责分工共同做好非洲猪瘟疫情防控工作。

发生特别重大（Ⅰ级）、重大（Ⅱ级）、较大（Ⅲ级）、一般（Ⅳ级）等级别疫情时，要严格限制生猪及其产品由高风险区向低风险区调运，对生猪与生猪产品调运实施差异化管理，关闭相关区域的生猪交易场所，具体调运监管方案由农业农村部另行制定发布并适时调整。

（四）响应级别调整与终止

根据疫情形势和防控实际，农业农村部或相关省级畜牧兽医主管部门组织对疫情形势进行评估分析，及时提出调整响应级别或终止应急响应的建议由原启动响应机制的人民政府或应急指挥机构调整响应级别或终止应急响应。

三、应急处置

（一）可疑和疑似疫情的应急处置

对发生可疑和疑似疫情的相关场点实施严格的隔离、监视，并对该场点及有流行病学关联的养殖场（户）进行采样检测。禁止易感动物及其产品、饲料及垫料、废弃物、运载工具、有关设施设备等移动，并对其内外环境进行严格消毒。必要时可采取封锁、扑杀等措施。

（二）确诊疫情的应急处置

疫情确诊后，县级以上畜牧兽医主管部门应当立即划定疫点、疫区和受威胁区，开展追溯追踪调查，向本级人民政府提出启动相应级别应急响应的建议，由当地人民政府依法作出决定。

1. 划定疫点、疫区和受威胁区

疫点：发病猪所在的地点。相对独立的规模化养殖场（户）、隔离场，以病猪所在的养殖场（户）、隔离场为疫点；散养猪以病猪所在的自然村为疫点；放养猪以病猪活动场地为疫点；在运输过程中发现疫情的，以运载病猪的车辆、船只、飞机等运载工具为疫点；在牲畜交易场所发生疫情的，以病猪所在场所为疫点；在屠宰加工过程中发生疫情的，以屠宰加工厂（场）（不含未受病毒污染的肉制品生产加工车间）为疫点。

疫区：一般是指由疫点边缘向外延伸3km的区域。

受威胁区：一般是指由疫区边缘向外延伸10km的区域。对有野猪活动地区，受威胁区应为疫区边缘向外延伸50km的区域。划定疫点、疫区和受威胁区时，应根据当地天然屏障（如河流、山脉等）、人工屏障（道路、围栏等）、行政区划、饲养环境、野猪分布情况，以及疫情追溯追踪调查和风险分析结果，必要时考虑特殊供给保障需要，综合评估后划定。

2. 封锁

疫情发生所在地的县级畜牧兽医主管部门报请本级人民政府对疫区实行封锁，由当地人民政府依法发布封锁令。疫区跨行政区域时，由有关行政区域共同的上一级人民政府对疫区实行封锁，或者由各有关行政区域的上一级人民政府共同对疫区实行封锁。必要时，上级人民政府可以责成下级人民政府对疫区实行封锁。

3. 疫点内应采取的措施

疫情发生所在地的县级人民政府依法及时组织扑杀疫点内的所有生猪，并对所有病死猪、被扑杀猪及其产品进行无害化处理。

对排泄物、餐厨剩余物、被污染或可能被污染的饲料和垫料、污水等进行无害化处理。对被污染或可能被污染的物品、交通工具、用具、猪舍、场地环境等进行彻底清洗消毒。出入人员、运载工具和相关设施设备要按规定进行消毒。禁止易感动物出入和相关产品调出。疫点为生猪屠宰加工企业的，停止生猪屠宰活动。

4.疫区内应采取的措施

疫情发生所在地的县级以上人民政府应按照程序和要求，组织设立警示标志，设置临时检查消毒站，对出入的相关人员和车辆进行消毒。禁止易感动物出入和相关产品调出。关闭生猪交易场所。对生猪养殖场（户）、交易场所等进行彻底消毒，并做好流行病学调查和风险评估工作。

对疫区内的养殖场（户）进行严格隔离，经病原学检测为阴性的，存栏生猪可继续饲养或就近屠宰。对病原学检测为阳性的养殖场户，应扑杀其所有生猪，并做好清洗消毒等工作。疫区内的生猪屠宰企业，停止生猪屠宰活动，采集猪肉、猪血和环境样品送检，并进行彻底清洗消毒。

对疫点、疫区内扑杀的生猪原则上应当就地进行无害化处理，确需运出疫区进行无害化处理的，须在当地畜牧兽医部门监管下，使用密封装载工具（车辆）运出，严防遗撒渗漏；启运前和卸载后，应当对装载工具（车辆）进行彻底清洗消毒。

5.受威胁区应采取的措施

禁止生猪调出调入，关闭生猪交易场所。疫情发生所在地畜牧兽医部门及时组织对生猪养殖场（户）全面开展临床监视，必要时采集样品送检，掌握疫情动态，强化防控措施。

受威胁区内的生猪屠宰企业，应当暂停生猪屠宰活动，并彻底清洗消毒；经当地畜牧兽医部门对其环境样品和猪肉产品检测合格，由疫情发生所在县的上一级畜牧兽医主管部门组织开展动物疫病风险评估通过后，可恢复生产。

6.运输途中发现疫情的疫点、疫区和受威胁区应采取的措施

疫情发生所在地的县级人民政府依法及时组织扑杀疫点内的所有生猪，对所有病死猪、被扑杀猪及其产品进行无害化处理，对运载工具进行彻底清洗消毒，不得劝返。当地可根据风险评估结果，确定是否需划定疫区和受威胁区并采取相应处置措施。

（三）野猪和虫媒控制

养殖场户要采取措施避免饲养的生猪与野猪接触。各地林业和草原部门要对疫区、受威胁区及周边地区野猪分布状况进行调查和监测。在钝缘软蜱分布地区，疫点、疫区、受威胁区的养猪场户要采取杀灭钝缘软蜱等虫媒控制措施，畜牧兽医部门要加强监测和风险评估工作。当地畜牧兽医部门与林业和草原部门应定期相互通报有关信息。

（四）疫情排查监测

各地要按要求及时组织开展全面排查，对疫情发生前至少1个月以来的疫点生猪调运、猪只病死情况、饲喂方式等进行核查并做好记录；对重点区域、关键环节和异常死亡的生猪加大监测力度，及时发现疫情隐患。

要加大对生猪交易场所、屠宰场、无害化处理厂的巡查力度，有针对性地开展监测。要加大入境口岸、交通枢纽周边地区以及中欧班列沿线地区的监测力度。要高度关注生猪、野猪的异常死亡情况，排查中发现异常情况，必须按规定立即采样送检并采取相应处置措施。

（五）疫情追踪和追溯

对疫情发生前至少30天内以及疫情发生后采取隔离措施前，从疫点输出的易感动物、相关产品、运载工具及密切接触人员的去向进行追踪调查，对有流行病学关联的养殖、屠宰加工场所进行采样检测，分析评估疫情扩散风险。

对疫情发生前至少30天内，引入疫点的所有易感动物、相关产品、运输工具和人员往来情况等进行溯源性调查，对有流行病学关联的相关场所、运载工具进行采样检测，分析疫情来源。疫情追踪追溯过程中发现异常情况的，应根据检测结果和风险分析情况采取相应处置措施。

（六）解除封锁和恢复生产

1. 疫点为养殖场、交易场所的

疫点和疫区应扑杀范围内的生猪全部死亡或扑杀完毕，并按规定进行消毒和无害化处理42天后（未采取"哨兵猪"监测措施的）未出现新发疫情的；或者按规定进行消毒和无害化处理15天后，引入哨兵猪继续饲养15天后，哨兵猪未发现临床症状且病原学检测为阴性，未出现新发疫情的，经疫情发生所在县的上一级畜牧兽医主管部门组织验收合格后，由所在地县级畜牧兽医主管部门向原发布封锁令的人民政府申请解除封锁，由该人民政府发布解除封锁令，并通报毗邻地区和有关部门。

2. 疫点为生猪屠宰加工企业的

对畜牧兽医部门排查发现的疫情，应对屠宰场进行彻底清洗消毒，经当地畜牧兽医部门对其环境样品和生猪产品检测合格，经过15天后，由疫情发生所在县的上一级畜牧兽医主管部门组织开展动物疫病风险评估通过后，方可恢复生产。对疫情发生前生产的生猪产品，抽样检测和风险评估表明未污染非洲猪瘟病毒的，经就地高温处理后可加工利用。

对屠宰场主动排查报告的疫情，应进行彻底清洗消毒，经当地畜牧兽医部门对其环境样品和生猪产品检测合格，经过48小时后，由疫情发生所在县的上一级畜牧兽医主管部门组织开展动物疫病风险评估通过后，可恢复生产。对疫情发生前生产的生猪产品，抽样检测表明未污染非洲猪瘟病毒的，经就地高温处理后可加工利用。

疫区内的生猪屠宰企业，企业应进行彻底清洗消毒，经当地畜牧兽医部门对其环境样品和生猪产品检测合格，经过48小时后，由疫情发生所在县的上一级畜牧兽医主管部门组织开展动物疫病风险评估通过后，可恢复生产。

解除封锁后，在疫点和疫区应扑杀范围内，对需继续饲养生猪的养殖场（户），应引入哨兵猪并进行临床观察，饲养45天后（期间猪只不得调出），对哨兵猪进行血清学和病原学检测，均为阴性且观察期内无临床异常的，相关养殖场（户）方可补栏。

（七）扑杀补助

对强制扑杀的生猪及人工饲养的野猪，按照有关规定给予补偿，扑杀补助经费由中央财政和地方财政按比例承担。

四、信息发布和科普宣传

及时发布疫情信息和防控工作进展，同步向国际社会通报情况。坚决打击造谣、传谣行为。未经农业农村部授权，地方各级人民政府及各部门不得擅自发布发生疫情信息和排除疫情信息。坚持正面宣传、科学宣传，及时解疑释惑、以正视听，第一时间发出权威解读和主流声音，做好防控宣传工作。科学宣传普及防控知识，针对广大消费者的疑虑和关切，及时答疑解惑，引导公众科学认知非洲猪瘟，理性消费生猪产品。

五、善后处理

（一）后期评估

应急响应结束后，疫情发生地人民政府畜牧兽医主管部门组织有关单位对应急处置情况进行系统总结评估，形成评估报告。重大（Ⅱ级）以上疫情评估报告，应逐级上报至农业农村部。

（二）责任追究

在疫情处置过程中，发现生猪养殖、贩运、交易、屠宰等环节从业者存在主体责任落实不到位，以及相关部门工作人员存在玩忽职守、失职、渎职等违法行为的，依据有关法律法规严肃追究当事人的责任。

（三）抚恤补助

地方各级人民政府要组织有关部门对因参与应急处置工作致病、致残、死亡的人员，按照国家有关规定，给予相应的补助和抚恤。

六、附则

（一）本实施方案有关数量的表述中，"以上"含本数，"以下"不含本数。

（二）供港澳生猪及其产品在执行本实施方案中的有关事宜，由农业农村部商海关总署另行规定。

（三）家养野猪发生疫情的，按家猪疫情处置；野猪发生疫情的，根据流行病学调查和风险评估结果，参照本实施方案采取相关处置措施，防止野猪疫情向家猪和家养野猪扩散。

（四）在饲料及其添加剂、猪相关产品检出阳性样品的，经评估有疫情传播风险的，对饲料及其添加剂、猪相关产品予以销毁。

（五）本实施方案由农业农村部负责解释。

附件：

1. 非洲猪瘟诊断规范
2. 非洲猪瘟样品的采集、运输与保存要求
3. 非洲猪瘟消毒规范
4. 非洲猪瘟无害化处理要求

附件1

非洲猪瘟诊断规范

一、流行病学

（一）传染源

感染非洲猪瘟病毒的家猪、野猪（包括病猪、康复猪和隐性感染猪）和钝缘软蜱为主要传染源。

（二）传播途径

主要通过接触非洲猪瘟病毒感染猪或非洲猪瘟病毒污染物（餐厨剩余物、饲料、饮水、圈舍、垫草、衣物、用具、车辆等）传播，消化道和呼吸道是最主要的感染途径；也可经钝缘软蜱等媒介昆虫叮咬传播。

（三）易感动物

家猪和欧亚野猪高度易感，无明显的品种、日龄和性别差异。疣猪和薮猪虽可感染，但不表现明显临床症状。

（四）潜伏期

因毒株、宿主和感染途径的不同，潜伏期有所差异，一般为5~19天，最长可达21天。世界动物卫生组织《陆生动物卫生法典》将潜伏期定为15天。

（五）发病率和病死率

不同毒株致病性有所差异，强毒力毒株可导致感染猪在12~14天内100%死亡，中等毒力毒株造成的病死率一般为30%~50%，低毒力毒株仅引起少量猪死亡。

（六）季节性

该病季节性不明显。

二、临床表现

（一）最急性：无明显临床症状突然死亡。

（二）急性：体温可高达42℃，沉郁，厌食，耳、四肢、腹部皮肤有出血点，可视黏膜潮红、发绀。眼、鼻有黏液脓性分泌物；呕吐；便秘，粪便表面有血液和黏液覆盖；或腹泻，粪便带血。共济失调或步态僵直，呼吸困难，病程延长则出现其他神经症状。妊娠母猪流产。病死率可达100%。病程4~10天。

（三）亚急性：症状与急性相同，但病情较轻，病死率较低。体温波动无规律，一般高于40.5℃。仔猪病死率较高。病程5～30天。

（四）慢性：波状热，呼吸困难，湿咳。消瘦或发育迟缓，体弱，毛色暗淡。关节肿胀，皮肤溃疡。死亡率低。病程2～15个月。

三、病理变化

典型的病理变化包括浆膜表面充血、出血，肾脏、肺脏表面有出血点，心内膜和心外膜有大量出血点，胃、肠道黏膜弥漫性出血；胆囊、膀胱出血；肺脏肿大，切面流出泡沫性液体，气管内有血性泡沫样黏液；脾脏肿大，易碎，呈暗红色至黑色，表面有出血点，边缘钝圆，有时出现边缘梗死。颌下淋巴结、腹腔淋巴结肿大，严重出血。

最急性型的个体可能不出现明显的病理变化。

四、鉴别诊断

非洲猪瘟临床症状与古典猪瘟、高致病性猪蓝耳病、猪丹毒等疫病相似，必须通过实验室检测进行鉴别诊断。

五、实验室检测

（一）样品的采集、运输和保存（见附件2）。

（二）抗体检测

抗体检测可采用间接酶联免疫吸附试验、阻断酶联免疫吸附试验和间接荧光抗体试验等方法。

抗体检测应在符合相关生物安全要求的省级动物疫病预防控制机构实验室，以及受委托的相关实验室进行。

（三）病原学检测

1.病原学快速检测：可采用双抗体夹心酶联免疫吸附试验、聚合酶链式反应和实时荧光聚合酶链式反应等方法。

2.病毒分离鉴定：可采用细胞培养等方法。从事非洲猪瘟病毒分离鉴定工作，必须经农业农村部批准。

（四）结果判定

1.临床可疑疫情猪群符合下述流行病学、临床症状、剖检病变标准之一的，判定为临床可疑疫情。

（1）流行病学标准

①已经按照程序规范免疫猪瘟、高致病性猪蓝耳病等疫苗，但猪群发病率、

病死率依然超出正常范围；

② 饲喂餐厨剩余物的猪群，出现高发病率、高病死率；

③ 调入猪群、更换饲料、外来人员和车辆进入猪场、畜主和饲养人员购买生猪产品等可能风险事件发生后，15 天内出现高发病率、高死亡率；

④ 野外放养有可能接触垃圾的猪出现发病或死亡。

符合上述 4 条之一的，判定为符合流行病学标准。

（2）临床症状标准

① 发病率、病死率超出正常范围或无前兆突然死亡；

② 皮肤发红或发紫；

③ 出现高热或结膜炎症状；

④ 出现腹泻或呕吐症状；

⑤ 出现神经症状。

符合第①条，且符合其他条之一的，判定为符合临床症状标准。

（3）剖检病变标准

① 脾脏异常肿大；

② 脾脏有出血性梗死；

③ 下颌淋巴结出血；

④ 腹腔淋巴结出血。

符合上述任何一条的，判定为符合剖检病变标准。

2. 疑似疫情：对临床可疑疫情，经病原学快速检测方法检测，结果为阳性的，判定为疑似疫情。

3. 确诊疫情：对疑似疫情，按有关要求经中国动物卫生与流行病学中心或省级动物疫病预防控制机构实验室复核，结果为阳性的，判定为确诊疫情。

附件 2

非洲猪瘟样品的采集、运输与保存要求

可采集发病动物或同群动物的血清样品和病原学样品,病原学样品主要包括抗凝血、脾脏、扁桃体、淋巴结、肾脏和骨髓等。如环境中存在钝缘软蜱,也应一并采集。

样品的包装和运输应符合农业农村部《高致病性动物病原微生物菌(毒)种或者样本运输包装规范》等规定。规范填写采样登记表,采集的样品应在冷藏密封状态下运输到相关实验室。

一、血清样品

无菌采集 5mL 血液样品,室温放置 12～24h,收集血清,冷藏运输。到达检测实验室后,冷冻保存。

二、病原学样品

(一)抗凝血样品

无菌采集 5mL 乙二胺四乙酸抗凝血,冷藏运输。到达检测实验室后,–70℃冷冻保存。

(二)组织样品

首选脾脏,其次为扁桃体、淋巴结、肾脏、骨髓等,冷藏运输。样品到达检测实验室后,–70℃保存。

(三)钝缘软蜱

将收集的钝缘软蜱放入有螺旋盖的样品瓶/管中,放入少量土壤,盖内衬以纱布,常温保存运输。到达检测实验室后,–70℃冷冻保存或置于液氮中;如仅对样品进行形态学观察,可以放入 100% 乙醇中保存。

附件3

非洲猪瘟消毒规范

一、消毒产品种类

最有效的消毒产品是10%的苯及苯酚、次氯酸、强碱类及戊二醛。强碱类（氢氧化钠、氢氧化钾等）、氯化物和酚化合物适用于建筑物、木质结构、水泥表面、车辆和相关设施设备消毒。酒精和碘化物适用于人员消毒。

二、场地及设施设备消毒

（一）消毒前准备

1. 消毒前必须清除有机物、污物、粪便、饲料、垫料等。

2. 选择合适的消毒产品。

3. 备有喷雾器、火焰喷射枪、消毒车辆、消毒防护用具（如口罩、手套、防护靴等）、消毒容器等。

（二）消毒方法

1. 对金属设施设备，可采用火焰、熏蒸和冲洗等方式消毒。

2. 对圈舍、车辆、屠宰加工、贮藏等场所，可采用消毒液清洗、喷洒等方式消毒。

3. 对养殖场（户）的饲料、垫料，可采用堆积发酵或焚烧等方式处理，对粪便等污物作化学处理后采用深埋、堆积发酵或焚烧等方式处理。

4. 对疫区范围内办公、饲养人员的宿舍、公共食堂等场所，可采用喷洒方式消毒。

5. 对消毒产生的污水应进行无害化处理。

（三）人员及物品消毒

1. 饲养管理人员可采取淋浴消毒。

2. 对衣、帽、鞋等可能被污染的物品，可采取消毒液浸泡、高压灭菌等方式消毒。

（四）消毒频率

疫点每天消毒3~5次，连续7天，之后每天消毒1次，持续消毒15天；疫区临时消毒站做好出入车辆人员消毒工作，直至解除封锁。

附件4
非洲猪瘟无害化处理要求

在非洲猪瘟疫情处置过程中,对病死猪、被扑杀猪及相关产品进行无害化处理,按照《病死及病害动物无害化处理规范》(农医发〔2017〕25号)有关规定执行。

抄送:中央宣传部,外交部、发展改革委、公安部、财政部、交通运输部、商务部、卫生健康委、应急管理部、海关总署、市场监管总局、中国银保监会、国家林业和草原局、中国民用航空局、国家邮政局,中央军委后勤保障部,中国铁路总公司。

农业农村部办公厅

病死动物无害化处理技术规范

为规范病死动物尸体及相关动物产品无害化处理操作技术，预防重大动物疫病，维护动物产品质量安全，依据《中华人民共和国动物防疫法》及有关法律法规制定本规范。

1 适用范围

本规范规定了病死动物尸体及相关动物产品无害化处理方法的技术工艺和操作注意事项，以及在处理过程中包装、暂存、运输、人员防护和无害化处理记录要求。

2 引用规范和标准

《中华人民共和国动物防疫法》（2007年主席令第71号）

《动物防疫条件审查办法》（农业部令2010年第7号）

《病死及死因不明动物处置办法（试行）》（农医发〔2005〕25号）

GB 16548 病害动物和病害动物产品生物安全处理规程

GB 19217 医疗废物转运车技术要求（试行）

GB 18484 危险废物焚烧污染控制标准

GB 18597 危险废物贮存污染控制标准

GB 16297 大气污染物综合排放标准

GB 14554 恶臭污染物排放标准

GB 8978 污水综合排放标准

GB 5085.3 危险废物鉴别标准

GB/T 16569 畜禽产品消毒规范

GB 19218 医疗废物焚烧炉技术要求（试行）

GB/T 19923 城市污水再生利用 工业用水水质

当上述标准和文件被修订时，应使用其最新版本。

3 术语和定义

3.1 无害化处理

本规范所称无害化处理,是指用物理、化学等方法处理病死动物尸体及相关动物产品,消灭其所携带的病原体,消除动物尸体危害的过程。

3.2 焚烧法

焚烧法是指在焚烧容器内,使动物尸体及相关动物产品在富氧或无氧条件下进行氧化反应或热解反应的方法。

3.3 化制法

化制法是指在密闭的高压容器内,通过向容器夹层或容器通入高温饱和蒸汽,在干热、压力或高温、压力的作用下,处理动物尸体及相关动物产品的方法。

3.4 掩埋法

掩埋法是指按照相关规定,将动物尸体及相关动物产品投入化尸窖或掩埋坑中并覆盖、消毒,发酵或分解动物尸体及相关动物产品的方法。

3.5 发酵法

发酵法是指将动物尸体及相关动物产品与稻糠、木屑等辅料按要求摆放,利用动物尸体及相关动物产品产生的生物热或加入特定生物制剂,发酵或分解动物尸体及相关动物产品的方法。

4 无害化处理方法

4.1 焚烧法

4.1.1 直接焚烧法

4.1.1.1 技术工艺

4.1.1.1.1 可视情况对动物尸体及相关动物产品进行破碎预处理。

4.1.1.1.2 将动物尸体及相关动物产品或破碎产物,投至焚烧炉本体燃烧室,经充分氧化、热解,产生的高温烟气进入二燃室继续燃烧,产生的炉渣经出渣机排出。燃烧室温度应≥850℃。

4.1.1.1.3 二燃室出口烟气经余热利用系统、烟气净化系统处理后达标排放。

4.1.1.1.4 焚烧炉渣与除尘设备收集的焚烧飞灰应分别收集、贮存和运输。焚烧炉渣按一般固体废物处理;焚烧飞灰和其他尾气净化装置收集的固体废物如属于危险废物,则按危险废物处理。

4.1.1.2 操作注意事项

4.1.1.2.1 严格控制焚烧进料频率和重量，使物料能够充分与空气接触，保证完全燃烧。

4.1.1.2.2 燃烧室内应保持负压状态，避免焚烧过程中发生烟气泄露。

4.1.1.2.3 燃烧所产生的烟气从最后的助燃空气喷射口或燃烧器出口到换热面或烟道冷风引射口之间的停留时间应≥2s。

4.1.1.2.4 二燃室顶部设紧急排放烟囱，应急时开启。

4.1.1.2.5 应配备充分的烟气净化系统，包括喷淋塔、活性炭喷射吸附、除尘器、冷却塔、引风机和烟囱等，焚烧炉出口烟气中氧含量应为6%~10%（干气）。

4.1.2 炭化焚烧法

4.1.2.1 技术工艺

4.1.2.1.1 将动物尸体及相关动物产品投至热解炭化室，在无氧情况下经充分热解，产生的热解烟气进入燃烧（二燃）室继续燃烧，产生的固体炭化物残渣经热解炭化室排出。热解温度应≥600℃，燃烧（二燃）室温度≥1100℃，焚烧后烟气在1 100℃上停留时间≥2s。

4.1.2.1.2 烟气经过热解炭化室热能回收后，降至600℃左右进入排烟管道。烟气经过湿式冷却塔进行"急冷"和"脱酸"后进入活性炭吸附和除尘器，最后达标后排放。

4.1.2.2 注意事项

4.1.2.2.1 应检查热解炭化系统的炉门密封性，以保证热解炭化室的隔氧状态。

4.1.2.2.2 应定期检查和清理热解气输出管道，以免发生阻塞。

4.1.2.2.3 热解炭化室顶部需设置与大气相连的防爆口，热解炭化室内压力过大时可自动开启泄压。

4.1.2.2.4 应根据处理物种类、体积等严格控制热解的温度、升温速度及物料在热解炭化室里的停留时间。

4.2 化制法

4.2.1 干化法

4.2.1.1 技术工艺

4.2.1.1.1 可视情况对动物尸体及相关动物产品进行破碎预处理。

4.2.1.1.2 动物尸体及相关动物产品或破碎产物输送入高温高压容器。

4.2.1.1.3 处理物中心温度≥140℃，压力≥0.5MPa（绝对压力），时间≥4h（具体处理时间随需处理动物尸体及相关动物产品或破碎产物种类和体积大小而设定）。

4.2.1.1.4 加热烘干产生的热蒸汽经废气处理系统后排出。

4.2.1.1.5 加热烘干产生的动物尸体残渣传输至压榨系统处理。

4.2.1.2 操作注意事项

4.2.1.2.1 搅拌系统的工作时间应以烘干剩余物基本不含水分为宜，根据处理物量的多少，适当延长或缩短搅拌时间。

4.2.1.2.2 应使用合理的污水处理系统，有效去除有机物、氨氮，达到国家规定的排放要求。

4.2.1.2.3 应使用合理的废气处理系统，有效吸收处理过程中动物尸体腐败产生的恶臭气体，使废气排放符合国家相关标准。

4.2.1.2.4 高温高压容器操作人员应符合相关专业要求。

4.2.1.2.5 处理结束后，需对墙面、地面及其相关工具进行彻底清洗消毒。

4.2.2 湿化法

4.2.2.1 技术工艺

4.2.2.1.1 可视情况对动物尸体及相关动物产品进行破碎预处理。

4.2.2.1.2 将动物尸体及相关动物产品或破碎产物送入高温高压容器，总质量不得超过容器总承受力的4/5。

4.2.2.1.3 处理物中心温度≥135℃，压力≥0.3MPa（绝对压力），处理时间≥30min（具体处理时间随需处理动物尸体及相关动物产品或破碎产物种类和体积大小而设定）。

4.2.2.1.4 高温高压结束后，对处理物进行初次固液分离。

4.2.2.1.5 固体物经破碎处理后，送入烘干系统；液体部分送入油水分离系统处理。

4.2.2.2 操作注意事项

4.2.2.2.1 高温高压容器操作人员应符合相关专业要求。

4.2.2.2.2 处理结束后，需对墙面、地面及其相关工具进行彻底清洗消毒。

4.2.2.2.3 冷凝排放水应冷却后排放，产生的废水应经污水处理系统处理达标后排放。

4.2.2.2.4 处理车间废气应通过安装自动喷淋消毒系统、排风系统和高效微粒空气过滤器（HEPA 过滤器）等进行处理，达标后排放。

4.3 掩埋法

4.3.1 直接掩埋法

4.3.1.1 选址要求

4.3.1.1.1 应选择地势高燥，处于下风向的地点。

4.3.1.1.2 应远离动物饲养厂（饲养小区）、动物屠宰加工场所、动物隔离场所、动物诊疗场所、动物和动物产品集贸市场、生活饮用水源地。

4.3.1.1.3 应远离城镇居民区、文化教育科研等人口集中区域、主要河流及公路、铁路等主要交通干线。

4.3.1.2 技术工艺

4.3.1.2.1 掩埋坑体容积以实际处理动物尸体及相关动物产品数量确定。

4.3.1.2.2 掩埋坑底应高出地下水位 1.5m 以上，要防渗、防漏。

4.3.1.2.3 坑底洒一层厚度为 2~5cm 的生石灰或漂白粉等消毒药。

4.3.1.2.4 将动物尸体及相关动物产品投入坑内，最上层距离地表 1.5m 以上。

4.3.1.2.5 生石灰或漂白粉等消毒药消毒。

4.3.1.2.6 覆盖距地表 20~30cm，厚度不少于 1~1.2m 的覆土。

4.3.1.3 操作注意事项

4.3.1.3.1 掩埋覆土不要太实，以免腐败产气造成气泡冒出和液体渗漏。

4.3.1.3.2 掩埋后，在掩埋处设置警示标识。

4.3.1.3.3 掩埋后，第一周内应每日巡查 1 次，第二周起应每周巡查 1 次，连续巡查 3 个月，掩埋坑塌陷处应及时加盖覆土。

4.3.1.3.4 掩埋后，立即用氯制剂、漂白粉或生石灰等消毒药对掩埋场所进行 1 次彻底消毒。第一周内应每日消毒 1 次，第二周起应每周消毒 1 次，连续消毒 3 周以上。

4.3.2 化尸窑

4.3.2.1 选址要求

4.3.2.1.1 畜禽养殖场的化尸窑应结合本场地形特点，宜建在下风向。

4.3.2.1.2 乡镇、村的化尸窑选址应选择地势较高，处于下风向的地点。应远离动物饲养厂（饲养小区）、动物屠宰加工场所、动物隔离场所、动物诊疗场所、动物和动物产品集贸市场、泄洪区、生活饮用水源地；应远离居民区、公共场所，以及主要河流、公路、铁路等主要交通干线。

4.3.2.2 技术工艺

4.3.2.2.1 化尸窖应为砖和混凝土，或者钢筋和混凝土密封结构，应防渗防漏。

4.3.2.2.2 在顶部设置投置口，并加盖密封加双锁；设置异味吸附、过滤等除味装置。

4.3.2.2.3 投放前，应在化尸窖底部铺洒一定量的生石灰或消毒液。

4.3.2.2.4 投放后，投置口密封加盖加锁，并对投置口、化尸窖及周边环境进行消毒。

4.3.2.2.5 当化尸窖内动物尸体达到容积的四分之三时，应停止使用并密封。

4.3.2.3 注意事项

4.3.2.3.1 化尸窖周围应设置围栏、设立醒目警示标志以及专业管理人员姓名和联系电话公示牌，应实行专人管理。

4.3.2.3.2 应注意化尸窖维护，发现化尸窖破损、渗漏应及时处理。

4.3.2.3.3 当封闭化尸窖内的动物尸体完全分解后，应当对残留物进行清理，清理出的残留物进行焚烧或者掩埋处理，化尸窖池进行彻底消毒后，方可重新启用。

4.4 发酵法

4.4.1 技术工艺

4.4.1.1 发酵堆体结构形式主要分为条垛式和发酵池式。

4.4.1.2 处理前，在指定场地或发酵池底铺设20cm厚辅料。

4.4.1.3 辅料上平铺动物尸体或相关动物产品，厚度≤20cm。

4.4.1.4 覆盖20cm辅料，确保动物尸体或相关动物产品全部被覆盖。堆体厚度随需处理动物尸体和相关动物产品数量而定，一般控制在2~3m。

4.4.1.5 堆肥发酵堆内部温度≥54℃，1周后翻堆，3周后完成。

4.4.1.6 辅料为稻糠、木屑、秸秆、玉米芯等混合物，或为在稻糠、木屑等混合物中加入特定生物制剂预发酵后产物。

4.4.2 操作注意事项

4.4.2.1 因重大动物疫病及人畜共患病死亡的动物尸体和相关动物产品不得使用此种方式进行处理。

4.4.2.2 发酵过程中，应做好防雨措施。

4.4.2.3 条垛式堆肥发酵应选择平整、防渗地面。

4.4.2.4 应使用合理的废气处理系统，有效吸收处理过程中动物尸体和相关动物产品腐败产生的恶臭气体，使废气排放符合国家相关标准。

5 收集运输要求

5.1 包装

5.1.1 包装材料应符合密闭、防水、防渗、防破损、耐腐蚀等要求。

5.1.2 包装材料的容积、尺寸和数量应与需处理动物尸体及相关动物产品的体积、数量相匹配。

5.1.3 包装后应进行密封。

5.1.4 使用后，一次性包装材料应作销毁处理，可循环使用的包装材料应进行清洗消毒。

5.2 暂存

5.2.1 采用冷冻或冷藏方式进行暂存，防止无害化处理前动物尸体腐败。

5.2.2 暂存场所应能防水、防渗、防鼠、防盗，易于清洗和消毒。

5.2.3 暂存场所应设置明显警示标识。

5.2.4 应定期对暂存场所及周边环境进行清洗消毒。

5.3 运输

5.3.1 选择专用的运输车辆或封闭厢式运载工具，车厢四壁及底部应使用耐腐蚀材料，并采取防渗措施。

5.3.2 车辆驶离暂存、养殖等场所前，应对车轮及车厢外部进行消毒。

5.3.3 运载车辆应尽量避免进入人口密集区。

5.3.4 若运输途中发生渗漏，应重新包装、消毒后运输。

5.3.5 卸载后，应对运输车辆及相关工具等进行彻底清洗、消毒。

6 其他要求

6.1 人员防护

6.1.1 动物尸体的收集、暂存、装运、无害化处理操作的工作人员应经过专门培训，掌握相应的动物防疫知识。

6.1.2 工作人员在操作过程中应穿戴防护服、口罩、护目镜、胶鞋及手套等防护用具。

6.1.3 工作人员应使用专用的收集工具、包装用品、运载工具、清洗工具、消毒器材等。

6.1.4 工作完毕后，应对一次性防护用品作销毁处理，对循环使用的防护用品消毒处理。

6.2 记录要求

6.2.1 病死动物的收集、暂存、装运、无害化处理等环节应建有台账和记录。有条件的地方应保存运输车辆行车信息和相关环节视频记录。

6.2.2 台账和记录

6.2.2.1 暂存环节

6.2.2.1.1 接收台账和记录应包括病死动物及相关动物产品来源场（户）、种类、数量、动物标识号、死亡原因、消毒方法、收集时间、经手人员等。

6.2.2.1.2 运出台账和记录应包括运输人员、联系方式、运输时间、车牌号、病死动物及产品种类、数量、动物标识号、消毒方法、运输目的地以及经手人员等。

6.2.2.2 处理环节

6.2.2.2.1 接收台账和记录应包括病死动物及相关动物产品来源、种类、数量、动物标识号、运输人员、联系方式、车牌号、接收时间及经手人员等。

6.2.2.2.2 处理台账和记录应包括处理时间、处理方式、处理数量及操作人员等。

6.2.3 涉及病死动物无害化处理的台账和记录至少要保存 2 年。

中华人民共和国农业农村部公告第 2 号

根据《中华人民共和国动物防疫法》(以下简称《动物防疫法》)等法律法规，现就加强畜禽移动监管有关事项公告如下。

一、鼓励畜禽养殖、屠宰加工企业推行"规模养殖、集中屠宰、冷链运输、冷鲜上市"模式，加快推进畜牧业转型升级，提升畜禽就近屠宰加工能力，建设畜禽产品冷链物流体系，减少畜禽长距离移动，降低动物疫病传播风险，维护养殖业生产安全和畜禽产品质量安全。

二、为有效防控动物疫病，限制易感畜禽从动物疫病高风险区向低风险区调运。

用于饲养的畜禽不得从高风险区调运到低风险区，种用、乳用动物（不含淘汰的）除外。

用于屠宰的畜禽可跨风险区从养殖场（户）"点对点"调运到屠宰场，调运途中不得卸载。

无规定动物疫病区、无规定动物疫病小区、动物疫病净化场的畜禽可跨相关动物疫病风险区调运。

发生口蹄疫、高致病性禽流感、小反刍兽疫等重大动物疫情时，疫区所在县为该动物疫病的高风险区，其他地区为低风险区。其他动物疫病风险区划分由农业部进行风险评估后确定并公布。

三、畜禽养殖场（户）出售或者运输畜禽前，应当按照《动物防疫法》《动物检疫管理办法》规定，向当地动物卫生监督机构申报检疫，提交动物检疫申报单和相关动物疫病检测报告等申报材料。经检疫合格的，方可调运。

动物疫病检测报告应当由动物疫病预防控制机构、通过质量技术监督部门资质认定的实验室或通过兽医系统实验室考核的实验室出具。

畜禽养殖场（户）委托畜禽收购贩运单位或个人代为申报检疫的，应当出具委托书，提供申报材料。

四、从事畜禽收购贩运的单位和个人应当熟悉动物防疫相关法律法规和知识。受委托代为申报检疫的，应当取得畜禽养殖场（户）的委托书；发现畜禽染疫或疑似染疫的，应当立即向所在地畜牧兽医部门报告。

五、运输畜禽的单位和个人应当凭检疫证明承运，装载前、卸载后对运输车辆进行清洗、消毒。详细记录检疫证明号码、运载时间、畜禽种类、数量、启运地点、到达地点、车辆消毒以及运输过程中染疫、病死、死因不明畜禽处置等情况。

运输过程中的染疫畜禽及其排泄物、病死或死因不明的畜禽尸体，应当委托途经地病死畜禽无害化处理场进行处理，所需费用由货主承担。运载工具中的畜禽排泄物以及垫料、包装物、容器等污染物，应当在畜禽卸载后进行无害化处理。

符合本公告规定，跨风险区运输畜禽的，应当主动通过公路动物卫生监督检查站，接受监督检查，对车辆实施消毒。经鲜活农产品运输"绿色通道"的，应当主动出示检疫证明，接受检查。

运载畜禽的车辆应当具有防止畜禽粪便和垫料等渗漏、遗撒的设施或措施，便于清洗、消毒。鼓励对运输畜禽的车辆配备车辆定位跟踪系统，记录畜禽运输时间和路径等信息。

六、跨风险区引进的种用、乳用动物，畜禽养殖场（户）应当按照规定对其进行隔离观察，合格的方可混群饲养。

从低风险区向高风险区引进用于饲养的非种用、乳用动物的，畜禽养殖场（户）应当在动物运抵后24小时内向所在地县级动物卫生监督机构报告，并接受监督检查。

七、畜禽屠宰加工企业应当按照《生猪屠宰管理条例》等法规规章查验入厂（场）畜禽的检疫证明，不得收购、屠宰未附有效检疫证明的畜禽。发现畜禽染疫或疑似染疫的，应当立即向所在地畜牧兽医部门报告，并配合做好封锁、隔离、扑杀、销毁、消毒、无害化处理等强制性措施。

八、各级动物卫生监督机构要依法履行动物检疫职责。对动物检疫申报主体不符，种用、乳用动物未达到健康标准，未按规定提供动物疫病检测报告或其他不符合动物检疫申报条件的，不得受理，并告知不予受理的原因。

对强制免疫不在有效保护期的、规定动物疫病检测不合格的或临床健康检查不合格的，不得签发检疫证明。

对以欺骗、贿赂等不正当手段取得检疫证明的，应当按照《中华人民共和国行政许可法》的规定予以撤销，并及时通知有关单位。

九、对违反畜禽移动监管有关规定的行为，各级动物卫生监督机构要按照

《动物防疫法》及相关法规规章予以查处；涉嫌犯罪的，按照《行政机关移送涉嫌犯罪案件规定》移送公安机关，依法追究刑事责任。

十、鼓励各地依法设立公路动物卫生监督检查站，实行运输畜禽指定通道制度。

边境地区畜牧兽医主管部门，要密切配合有关部门打击畜禽走私违法行为，严防境外疫情传入。

十一、各地畜牧兽医主管部门，应当建立健全畜禽养殖、收购贩运、运输、屠宰等单位和从业人员信用信息记录、交换共享和黑名单披露制度，会同有关部门联合采取惩戒措施，加大对违法行为人的惩戒力度。

十二、本公告自2018年5月2日起实施。

特此公告。

农业农村部

2018年3月23日

中华人民共和国农业农村部公告第 64 号

根据《中华人民共和国动物防疫法》《重大动物疫情应急条例》等法律法规规定，为做好非洲猪瘟疫情防控工作，现就加强猪用饲料监管工作有关事项公告如下。

一、饲料生产企业暂停使用以猪血为原料的血液制品生产猪用饲料。

二、本公告发布之日前已生产或销售的相关猪用饲料产品（包括半成品、残次品），饲料生产及销售企业应当按批次抽样送检。检测结果为非洲猪瘟病毒核酸阴性的，可以继续销售；检测结果为阳性的，饲料生产企业应当主动召回产品，并在饲料管理部门监督下，对相关产品予以无害化处理。

三、养殖场（户）暂停使用相关饲料产品饲喂生猪。库存的有关饲料产品，待其生产和销售企业的产品检测结果为非洲猪瘟病毒核酸阴性后，可以继续使用。

四、已发生非洲猪瘟疫情的省份及其周边省份的养殖场（户），不得使用泔水饲喂生猪；其他省份的养殖场（户），不得使用未经高温处理的泔水饲喂生猪。

五、各地畜牧兽医部门应加强监督管理，组织做好辖区内饲料生产及销售企业相关猪用饲料产品的抽样检测工作。对确诊的阳性产品，要按照有关规定立即组织和监督有关企业做好产品召回、无害化处理和追溯排查工作，以及相关生产设施、场所、运载工具等的清洗消毒。要做好宣传教育工作，对使用未经高温处理的泔水饲喂生猪的行为，要依法严格监管。要积极协调相关部门，落实监管责任，加强泔水全链条管理。

六、本公告自发布之日起实施。

特此公告。

农业农村部
2018 年 9 月 13 日

中华人民共和国农业农村部公告第 79 号

根据《中华人民共和国动物防疫法》《重大动物疫情应急条例》《国家突发重大动物疫情应急预案》《国务院办公厅关于进一步做好非洲猪瘟防控工作的通知》（国办发明电〔2018〕12号）等规定，为做好非洲猪瘟疫情防控工作，现就非洲猪瘟疫情应急响应期间，加强生猪运输车辆监管有关事项公告如下。

一、生猪运输车辆应当符合以下条件：

（一）采用专用机动车辆，车辆载重、空间等与所运输的生猪大小、数量相适应；

（二）厢壁及底部耐腐蚀、防渗漏；

（三）具有防止动物粪便和垫料等渗漏、遗撒的设施，便于清洗、消毒；

（四）随车配有简易清洗、消毒设备；

（五）具有其他保障动物防疫的设施设备。

二、生猪运输车辆应当在承运人所在地县级畜牧兽医主管部门备案，备案时应当提交下列材料的原件及复印件：

（一）车辆所有人的身份证或工商营业执照；

（二）备案申请人的道路运输经营许可证；

（三）备案车辆的机动车行驶证；

（四）备案车辆的车辆营运证。

三、畜牧兽医主管部门办理备案时，应当留存相关证件复印件，及时到现场检查生猪运输车辆，核实相关信息和车辆条件。生猪运输车辆符合条件的，出具生猪运输车辆备案表，并将有关信息录入全国动物检疫电子出证系统；不符合的，应当通知申请人并说明理由。

四、生猪运输车辆备案时，应当准确记录生猪运输车辆品牌、颜色、型号、牌照、车辆所有者、运载量等信息，并规范编号。生猪运输车辆备案表的样式见附件。

五、跨省、自治区、直辖市运输生猪的车辆，以及发生疫情省份及其相邻省份内跨县调运生猪的车辆，应当配备车辆定位跟踪系统，相关信息记录保存半年以上。

六、承运人通过公路运输生猪的,应当使用已经备案的生猪运输车辆,并严格按照动物检疫证明载明的目的地、数量等内容承运生猪;未提供动物检疫证明的,承运人不得承运。

七、承运人运输生猪时,应当为生猪提供必要的饲喂饮水条件,通过隔离使生猪密度符合要求,每栏生猪的数量不能超过 15 头,装载密度不能超过 265 千克/米^2。当运输途经地温度高于 25℃或者低于 5℃时,应当采取必要措施避免生猪发生应激反应。停车期间应当观察生猪健康状况,必要时对通风和隔离进行适当调整。

八、承运人应当在装载前和卸载后及时对运输车辆进行清洗、消毒。详细记录检疫证明号码、生猪数量、运载时间、启运地点、到达地点、运载路径、车辆清洗、消毒以及运输过程中染疫、病死、死因不明生猪处置等情况。

九、动物卫生监督机构及其官方兽医接到生猪产地检疫申报后应当严格查验运输车辆备案情况,发现运输车辆未备案的,应当责令改正,通报畜牧兽医主管部门。

十、发现运输车辆有未按规定进行清洗、消毒,承运未附有动物检疫证明生猪,以及未按规定备案等情形的,由动物卫生监督机构按照《中华人民共和国动物防疫法》有关规定处理。

十一、本公告自 2018 年 12 月 1 日起施行。

特此公告。

附件:
生猪运输车辆备案表(样式)

农业农村部
2018 年 10 月 31 日

附件

生猪运输车辆备案表（样式）

编号：

车牌号码					
车辆所有者名称					
核定最大运载量（吨）					
有效期	自	年　月　日	备案机关		
	至	年　月　日	备案时间	年　月　日	

中华人民共和国农业农村部公告第 119 号

为进一步做好非洲猪瘟防控工作，降低生猪屠宰以及生猪产品流通环节病毒扩散风险，切实保障生猪产业健康发展，根据《中华人民共和国动物防疫法》《重大动物疫情应急条例》《生猪屠宰管理条例》等法律法规及有关规定，在非洲猪瘟防控期间，全面开展生猪屠宰及生猪产品流通等环节非洲猪瘟检测。现就有关事项公告如下。

一、生猪屠宰厂（场）应当按照有关规定，严格做好非洲猪瘟排查、检测及疫情报告工作，并主动接受监督检查。

二、生猪屠宰厂（场）要严格入场查验，发现有下列情形之一的，不得收购、屠宰有关生猪：

（一）无有效动物检疫证明的；

（二）耳标不齐全或检疫证明与耳标信息不一致的；

（三）违规调运生猪的；

（四）发现其他违法违规调运行为的。

三、生猪屠宰厂（场）要按照规定，严格落实生猪待宰、临床巡检、屠宰检验检疫等制度。在待宰圈发现生猪疑似非洲猪瘟的，应当立即暂停同一待宰圈生猪上线屠宰；在屠宰线发现疑似非洲猪瘟的，应当立即暂停屠宰活动。同时，按规定采集相应病（死）猪的血液样品或脾脏、淋巴结、肾脏等组织样品等进行非洲猪瘟病毒检测，检测结果为阴性的，同批生猪方可继续上线屠宰。

四、生猪屠宰厂（场）应当在驻场官方兽医组织监督下，按照生猪不同来源实施分批屠宰，每批生猪屠宰后，对暂储血液进行抽样并检测非洲猪瘟病毒。经 PCR 检测试剂盒或免疫学检测试纸条检测为阴性的，同批生猪产品方可上市销售。其中，经 PCR 检测为阴性的，有关生猪产品可按照规定在本省或跨省销售；经免疫学检测试纸条检测为阴性的，有关生猪产品仅可在本省范围内销售。

五、按照本公告第三、第四条规定，检出非洲猪瘟病毒阳性的，生猪屠宰厂（场）应当第一时间将检测结果报告当地畜牧兽医部门，并及时将阳性样品送所在地省级动物疫病预防控制机构检测（确诊）。经确诊为非洲猪瘟病毒阳性的，生猪屠宰厂（场）要在当地畜牧兽医部门监督下，按规定扑杀所有待宰圈生猪，连同阳性批次的猪肉、猪血及副产品进行无害化处理，对屠宰车间和相关场所进行彻底清洗消毒。48小时后，可向当地畜牧兽医部门申请评估，经评估合格的，方可恢复生产。

六、生猪屠宰厂（场）非洲猪瘟病毒检测结果须经驻场官方兽医签字确认。对非洲猪瘟病毒检测结果为阴性且按照检疫规程检疫合格的生猪产品出具动物检疫证明，并注明检测方法、检测日期和检测结果等信息，其中，出具跨省调运动物检疫证明（产品A）的，要求PCR检测结果为阴性。对未经非洲猪瘟病毒检测或检测结果为阳性的，不得出具动物检疫证明。生猪屠宰厂（场）应当主动配合驻场官方兽医工作，不得拒绝、阻碍或干扰官方兽医监督核查。

七、各地畜牧兽医主管部门要组织制定生猪屠宰厂（场）样品采集和检测等有关要求，强化培训指导和监督检查，规范采样、检测和记录等工作。要结合当地工作实际，建立上市生猪产品和屠宰厂（场）暂存产品抽样检测核查制度，确保屠宰厂（场）采集样品和检测结果的真实性和代表性。在风险评估和追溯调查工作中，省级以上兽医机构实验室在生猪产品中检出非洲猪瘟病毒阳性的，应当就地销毁相关生猪产品，有关生猪屠宰厂（场）应当主动做好同批产品及流行病学相关风险产品的流向调查，并按规定销毁，暂停屠宰活动，并按照本公告第五条规定实施清洗消毒，按规定程序恢复生产。发现因检测造假造成生猪产品上市，被省级以上兽医机构实验室检测为非洲猪瘟病毒阳性的，除按照上述规定执行外，生猪屠宰厂（场）应当彻底清洗消毒，1个潜伏期（15天）后，方可按照本公告第五条规定程序恢复生产。

八、在生猪屠宰厂（场）检出非洲猪瘟病毒阳性的，当地畜牧兽医主管部门要组织做好阳性生猪和生猪产品的溯源追踪，对生猪来源养殖场（户）及其周边地区进行严格检测排查，涉及其他行政区域的，应当及时将相关情况和资料通报有关地方畜牧兽医主管部门，共同开展溯源追踪。

九、检测非洲猪瘟病毒，应当使用农业农村部批准或经中国动物疫病预防控制中心比对符合要求的检测方法开展检测。

十、本公告自2019年2月1日起执行。

农业农村部
2019年1月2日

国务院办公厅：关于做好非洲猪瘟等动物疫病防控工作的通知

2018年8月30日国务院办公厅发布《国务院办公厅关于做好非洲猪瘟等动物疫病防控工作的通知》特提明电，国办发明电〔2018〕10号，中机发10096号，全文如下。

各省、自治区、直辖市人民政府，国务院各部委、各直属机构：

8月初以来，辽宁、河南、江苏、浙江、安徽相继发生5起非洲猪瘟疫情，这是我国首次发生非洲猪瘟疫情，全国防控形势复杂严峻。党中央、国务院高度重视动物疫病防控工作。习近平总书记指出，国家对动物疫病实行预防为主的方针，要加强对动物防疫工作的统一领导，建立健全动物防疫体系，加强对动物防疫活动的管理，预防、控制和扑灭动物疫病，促进养殖业发展，保护人体健康，维护公共卫生安全。李克强总理多次作出批示，要求毫不放松抓好非洲猪瘟防控工作，特别是要指导和督促相关地方严格落实责任，坚决阻断疫情传播和蔓延，尽快扑灭疫情，正确引导舆论，及时回应群众关切。胡春华副总理作出具体安排部署。农业农村部会同有关部门和地方按照《国家突发重大动物疫情应急预案》要求，全力做好非洲猪瘟疫情防控，目前相关疫情已得到有效处置。尽管非洲猪瘟不是人畜共患病、不感染人，但该病对生猪产业威胁巨大，发病率、死亡率高，疫情早期发现难、预防难、根除难，防控难度极大。此次疫情的具体传入途径和病毒污染面还有待进一步调查，后续疫情形势存在许多不确定性，不排除出现新发疫情的可能。该病在我周边国家已呈现出大规模流行态势，疫情从境外传入的风险不可低估。我国是全世界最大的猪肉生产国和消费国，生猪产业在国民经济发展和人民群众生活中具有不可替代的重要作用，做好非洲猪瘟防控工作意义重大。此外，近期一些省份先后发生炭疽、禽流感等4起人畜共患病疫情。要清醒认识和高度重视当前非洲猪瘟等动物疫情形势，坚持底线思维，立足最不利局面，切实加强防控工作，不能有丝毫放松和懈怠。为切实加强非洲猪瘟等动物疫病防控工作，确保养殖业安全、市场供应和社会稳定，现将有关要求通知如下：

一、落实地方动物防疫责任。地方各级人民政府要高度重视，积极主动作为，严格依法落实动物防疫责任，按照属地管理原则，实行政府统一领导，逐级压实动物防疫责任，科学、周密、扎实做好防控工作。地方各级人民政府要对本地区非洲猪瘟等动物疫病防控工作负总责，主要负责人是第一责任人。同时，要加强对养殖场（户）、贩运经纪人等从业人员的监管，落实好相关从业人员的动物防疫主体责任。

二、严格开展疫情处置工作。各地要按照应急预案要求，进一步健全应急机制。一旦发现疫情，应急处置工作务必坚决，行动务必迅速，措施务必全面到位，切实抓好封锁、扑杀、消毒、无害化处理等工作。力争在最短时间内彻底拔除疫点，坚决防止疫情扩散蔓延。要加大对生猪屠宰企业的监管力度，督促其积极做好防控工作，生猪屠宰企业一旦发现生猪出现疑似非洲猪瘟临床症状或病理变化，要及时报告农业农村部门，做好处置工作。对发现非洲猪瘟疫情后不报告、不按程序报告、报告不及时或处置不力造成疫情扩散的，要依法依规严肃问责。

三、全面加强监测排查。要继续在全国范围内组织开展全面排查，对重点区域、关键环节和不明原因死亡生猪加大监测力度，力争第一时间发现疫情。要以生猪养殖场、交易市场、屠宰场、无害化处理厂以及北部边境省份为重点，加大巡查频次，更有针对性地开展监测。要加大对入境口岸、交通枢纽周边地区以及中欧班列沿线地区的监测力度。要进一步加大非洲猪瘟流行病学调查力度，做好疫情追溯追踪，及时发现和消除隐患。要强化野外巡查巡护，发现野猪异常死亡的，必须按规定立即采样送检并采取相关处置措施。

四、强化重点防控措施落实。强化生猪调运监管是控制疫情蔓延的关键措施。要切实加强生猪调运监管，对违法调运行为要从严从重处罚。各地要进一步明确餐厨剩余物监管部门和职责，切实加强餐厨剩余物收集、运输、储存、处理各环节监管，禁止使用未经高温处理的餐厨剩余物饲喂生猪。要严格国际运输工具消毒以及餐厨剩余物无害化处理，加强供港澳活猪检疫监管，确保安全。要进一步加大督查指导力度，确保监测、消毒、移动控制等各项防控措施落实到位，减少疫情发生风险。

五、确保市场供应安全。各地要认真落实"菜篮子"市长负责制，切实加强和组织引导好生猪生产，落实好扶持生猪生产相关政策，进一步做好生猪养殖屠宰环节准出与生猪产品加工环节准入管理的衔接，做好主销区与主产区的衔接，强化市场监测，维护市场价格秩序，确保猪肉产品价格稳定、足量供应。要加强畜禽及其产品运输车辆管理，运输畜禽及其产品的车辆必须凭动物检疫证明承运和享受鲜活农产品运输"绿色通道"政策。要严格执行生猪产地检疫和屠宰检疫，强化对非洲猪瘟疑似临床症状的检查，严厉打击私屠滥宰、屠宰病死猪等违法行为，防止病死猪流入市场。要加强生猪产品流通加工餐饮环节质量安全监管，严厉打击违法经营猪肉产品的行为，确保人民群众吃上"放心肉"。地方各级人民政府及其部门不得限制外地生猪定点屠宰厂（场）经检疫和肉品品质检验合格、符合调运监管规定的生猪产品进入本地市场。

六、提升动物防疫能力和水平。要切实加强基层动物防疫能力建设，完善动物防疫体系。要进一步加大投入，研究将非洲猪瘟纳入强制扑杀补助病种范围，完善动物防疫财政保障机制。加强科技创新，提高非洲猪瘟预测预报、诊断和控制技术水平。加强实验室生物安全管理，严格管控非洲猪瘟实验活动，严肃查处非法采集病料、开展病毒分离鉴定等违法行为。加强基层动物防疫工作人员培训，提高对非洲猪瘟的早期报告、鉴别诊断能力。要结合动物防疫、环保等要求，提升生猪养殖场（户）生物安全水平，保护生产能力，推进规模养殖、集中屠宰，提升动物疫病防控能力和产业素质。

七、健全联防联控机制。要进一步增强"四个意识"，密切配合，共同做好防控工作。农业农村部要牵头组织协调各省级人民政府和相关部门，按照抓早抓小、从严控制、联防联控的原则，依法做好非洲猪瘟等动物疫情的预防、控制和扑灭工作。海关要严格禁止进口来自非洲猪瘟疫区的生猪及其产品，加强对国际运输工具、国际邮件、跨境电商产品、出入境旅客携带物的查验和检疫，加大打击走私力度，监督销毁非法入境的来自疫区的家猪、野猪及其产品。林业和草原部门要强化野外巡护，对野猪疑似病例要按规定采样送检。发展改革、财政部门要根据防控需求，做好疫情防控经费保障工作。市场监管部门要加强流通环节动物产品监管，严防病死动物及其产品流入市场、进入餐桌。公安部门要做好疫区安全保卫、社会治安管理和口岸监督检查工作，配合农业农村部门做好疫情处置，依法加强有关案件侦办，对恶意传播非洲猪瘟疫情的违法犯罪行为，一旦查实要依法严厉打击。宣传部门要密切关注与非洲猪瘟有关的舆情动态，科学引导舆论，防止恶意炒作。交通运输部门要加强对经铁路口岸和港口进口猪及其产品的入境运输工具的监管、检查和登记，强化信息交流互通。邮政部门要加强对邮件、快件的检查。卫生健康部门要加强人畜共患病知识宣传、解疑释惑和诊治，切实做好疫病防控工作。银保监部门要指导各保险公司更好发挥养殖业政策性保险的作用，引导金融企业加大对养殖场（户）的信贷支持力度。其他各有关部门都要切实负起责任，加强信息共享和措施联动，形成防控合力。

八、加强信息发布和舆论引导。要坚持疫情、舆论两手抓，积极主动、准确及时地做好信息发布，依法保障人民群众的知情权。坚持正面宣传、科学宣传，突出解疑释惑。以正视听，第一时间作出权威解读、形成主流声音。做好非洲猪瘟等动物疫病防控宣传工作，引导公众科学认识、理性消费生猪产品。要正确把握舆论导向，及时准确发布疫情信息和防控工作进展，坚决打击造谣、传谣行为。未经国务院畜牧兽医主管部门授权，地方各级人民政府及各部门不得擅自发布发生疫情信息和排除疫情信息。

国务院办公厅关于进一步做好
非洲猪瘟防控工作的通知

国办发明电〔2018〕12号

各省、自治区、直辖市人民政府，国务院各部委、各直属机构：

8月份我国部分省份发生非洲猪瘟疫情以来，特别是《国务院办公厅关于做好非洲猪瘟等动物疫病防控工作的通知》（国办发明电〔2018〕10号）发出后，各地各有关部门认真落实党中央、国务院决策部署，充分发挥联防联控机制作用，明确防控职责任务，严格开展疫情处置，强化关键防控措施落实，统筹做好猪肉市场供应、信息发布和舆论引导等工作，目前已发疫情均得到有效处置。但由于非洲猪瘟病毒传播途径和分布的复杂性，不排除继续出现新发疫情的可能，加之该病在周边国家长期流行、不断扩散蔓延，边境防控压力依然很大。从已发生疫情省份特别是辽宁等省份疫情发展变化情况看，非洲猪瘟防控形势非常严峻。为贯彻落实国务院常务会议精神，进一步做好非洲猪瘟防控工作，现将有关要求通知如下：

一、严格落实防控责任

地方人民政府对辖区内动物防疫工作负总责，主要负责人是第一责任人。要充分发挥防控应急指挥机构的作用，对防控工作实施集中统一指挥。要狠抓措施落实，具体责任逐项明确到单位和个人。要及早发现和处置本辖区内的非洲猪瘟疫情，果断采取强制扑杀等措施，坚决防止疫情跨区域扩散蔓延。农业农村部门要切实发挥好牵头作用，做好任务分解、沟通协调、指导推动和督促检查等工作。其他相关部门要按照职责分工主动入位、主动配合、主动作为，形成联防联控的强大合力。各地要进一步加强疫情防控科普宣传，增强养殖、贩运、交易、屠宰等各环节生产经营者的防疫意识，督促其健全防疫制度、强化防疫措施，切实落实防疫主体责任。

二、抓好疫情排查处置

各地一旦发现疫情，要依法、及时、规范报告疫情，迅速启动应急响应，全面抓好封锁、扑杀、无害化处理、消毒等关键措施,坚决果断扑灭疫情,坚决防止疫情扩散蔓延。要在继续做好全面监测排查基础上,突出抓好重点区域和关键环节监测排查工作。要强化养殖业政策性保险与病死猪无害化处理联动机制,加强信息共享,及时查明异常赔付原因,更好发挥其在疫情预警、被动监测等方面的作用。发生疫情的省份,要加大流行病学调查和疫源追溯力度,努力查清疫情来源和传播风险。各地要严格落实餐厨剩余物全链条监管责任,尽快拿出切实可行的监管方案,切断疫情通过餐厨剩余物传播的链条。要全面禁止用餐厨剩余物饲喂生猪。要进一步畅通疫情举报渠道,公开疫情举报电话,及时核查举报线索,一经查实可按规定对举报人予以奖励。要严格控制人员、车辆出入养殖场所,加强消毒处理,防止人为传播疫情。

三、加强畜禽调运监管

发生疫情的省份及相邻省份,要立即关闭辖区内所有生猪交易市场,禁止生猪跨省外调,对生猪产品调运继续实施差异化管理。其他省份调运生猪不得经过发生疫情省份。要完善活畜禽长途调运监管措施,切实加强调运监管,鼓励畜禽产品冷链运输、冷鲜上市,运输生猪等活畜禽的车辆不再享受鲜活农产品运输"绿色通道"政策。要建立健全活畜禽承运车辆监管制度,承运车辆统一向农业农村部门备案,凭动物检疫证明承运,装载前、卸载后严格清洗消毒,坚决消除运输工具传播疫情的风险。各有关部门要密切配合,充分发挥公路交通检查站和动物卫生监督检查站的作用,对没有动物检疫证明进行调运等违法行为,一经发现,按照各自职责及有关规定严格处置,不得劝返。

四、严防外来疫病传入

各地各有关部门要坚持内防外堵,密切配合,加强边境、口岸等重点区域非洲猪瘟防控,切实防范外来疫病传入。海关要继续加强对国际运输工具、国际邮件、快件、出入境旅客携带物的查验和检疫,会同有关部门和地方人民政府加大打击走私力度,严防来自境外非洲猪瘟疫区的生猪及其产品入境,发现走私猪肉产品的,要监督销毁并及时向当地农业农村部门和市场监管部门通报情况。要加强国际运输工具餐厨剩余物无害化处理。林业草原部门要强化边境地区野外巡护,对野猪疑似病例按规定采样送检。交通运输部门要加强对铁路口岸和港口的监管,对进口生猪及其产品的入境运输工具做好监督、检查和登记。市场监管部门要加强生猪产品流通加工餐饮环节质量安全监管，加大对食用农产品集中交易市场、餐饮服务单位、商场超市、冷库等场所的日常监督检查，规范冷库和冷冻肉经营者的经营行为。

五、保障生猪生产和肉品供应

各地要认真落实"菜篮子"市长负责制，采取有力措施，保护好生猪基础产能，稳定生猪生产，促进生猪产业健康发展。对符合授信条件但暂时经营困难的养殖场（户）、饲料加工企业和屠宰加工企业，相关金融机构继续予以资金支持，不得盲目抽贷、断贷。对符合理赔条件的养殖场（户），各保险公司要迅速足额理赔，帮助养殖场（户）尽快恢复生产。要完善肉品市场供应体系，强化产销对接，推动建立安全可靠的肉品供应链，确保肉品市场供应。要提升市场应急保障能力，不断完善肉品地方储备制度，通过储备吞吐切实保障应急调控需要。要科学规划、合理布局屠宰企业，充分利用现有产能，切实做好生猪养殖屠宰环节准出与生猪产品加工环节准入管理的衔接，严厉打击私屠滥宰、屠宰病死猪、贩卖加工病死猪肉等违法行为，防止病死猪及其产品流向市场、进入餐桌。要切实维护生猪产品正常流通秩序，不得限制外地生猪定点屠宰厂（场）经检疫和肉品品质检验合格、符合调运监管规定的生猪产品进入本地市场。供港澳活猪调运的具体监管措施由农业农村部商海关总署确定，各有关部门要按照各自职能统筹协调，密切配合，保障供港澳活猪安全稳定供应。

六、提升动物防疫能力和水平

地方人民政府要采取有力措施，稳定基层兽医机构和队伍，加大投入力度，加强人员培训，有序推动兽医社会化服务。要强化财政经费保障，及时兑现扑杀补助资金，足额拨付监测、排查、消毒等防控经费和动物检疫工作经费；安排专项经费，重点用于加强生猪产地检疫、屠宰检疫和运输车辆监管。要强化基层兽医实验室、动物卫生监督检查站、冷链体系等基础设施设备建设，改善工作条件，完善动物防疫体系。要聚焦非洲猪瘟疫苗研发和综合防治等关键技术，进一步加强科研攻关。要积极学习借鉴其他国家防控非洲猪瘟的经验做法，加强防控及检测技术交流与合作。要加快云计算、大数据等现代信息技术在相关领域的应用，提升从养殖到餐桌全程监管的信息化、智能化水平。

地方人民政府要对本辖区非洲猪瘟防控工作逐级开展督促检查。要组织当地农业农村、交通运输、市场监管、林业草原、公安等部门，会同海关重点检查防控责任和关键措施落实、应急工作开展以及保供给等情况。农业农村部要牵头组织，会同应急部等有关部门进一步加大力度，对各地防控工作落实情况进行督导，并视防控工作进展情况对相关地区开展飞行检查。对发现的问题，要严格责任追究。另外，当前已进入动物疫病高发期，各地要在抓好非洲猪瘟防控工作的同时，统筹抓好秋冬季重大动物疫病防控工作。

农业农村部办公厅关于做好非洲猪瘟防治工作的紧急通知

农明字〔2018〕22号

8月3日,我国辽宁省沈阳市沈北新区生猪疫情,经中国动物卫生与流行病学中心(国家外来动物疫病研究中心)(以下简称动卫中心)确诊为非洲猪瘟疫情。我部已经启动疫情Ⅱ级应急响应。为切实做好非洲猪瘟防治工作,严防疫情扩散蔓延,现紧急通知如下。

一、高度重视非洲猪瘟防治工作

非洲猪瘟是由非洲猪瘟病毒引起的猪的一种急性、热性、高度接触性动物传染病,发病率和死亡率可达100%,目前尚无有效疫苗。该病主要在非洲和欧洲流行,近年来逐步传播至俄罗斯远东的伊尔库茨克、鄂木斯克等地区,之前未在我国发现。世界动物卫生组织将其列为法定报告动物疫病,我国将其列为一类动物疫病。各地要充分认识做好非洲猪瘟防治工作的极端重要性,把非洲猪瘟防治工作作为当前的头等大事来抓,强化责任和防治措施落实,做到早发现、早报告、早确诊、早处置,坚决防止疫情扩散蔓延。

二、开展全面排查和紧急监测

各地要按照《非洲猪瘟紧急排查工作方案》(见附件1)要求,对辖区内生猪养殖场(户)、屠宰场、交易市场、无害化处理场等重点场所和辽宁省调出的生猪开展全面排查,发现不明原因生猪死亡的,立即限制移动,并按程序报省级动物疫病预防控制机构。北京、河北、内蒙古、辽宁、吉林、黑龙江、新疆等7个重点省份和新疆生产建设兵团,要在全面排查的同时开展紧急监测,所有样品要送动卫中心和我部指定的实验室进行监测。

三、严格疫病诊断和疫情报告

各地接到可疑疫情报告后,由县级以上动物疫病预防控制机构按《非洲猪瘟防治技术规范(试行)》采集病料样品,由省级动物疫病预防控制机构送动卫中心确诊。动卫中心要及时将检测结果反馈给样品来源的省级动物疫病预防控制机构，省级动物疫病预防控制机构要按照疫情快报程序做好疫情报告工作。

四、做好疫情应急处置

发生可疑疫情的，各地要按照《非洲猪瘟可疑疫情应急处置指南》（见附件2）要求，对发病场（户）猪只实施严格的隔离、监视，禁止易感动物及其产品和相关物品移动，必要时，采取封锁、扑杀等措施。疫情确诊后，按照《非洲猪瘟疫情应急预案》，立即划定疫点、疫区、受威胁区，向同级政府提出封锁建议并参与组织实施，做好动物扑杀和无害化处理工作，对疫情发生前30天内疫点输入输出的易感动物及产品等进行流行病学调查，分析评估疫病流行风险。

五、强化生猪移动监管

各地要严格按照《农业农村部公告第2号》和《非洲猪瘟疫情应急预案》要求，切实加强生猪及其产品的检疫监管。严格禁止非洲猪瘟疫区内的相关易感动物和动物产品调出。疫区所在地市为非洲猪瘟的高风险区。高风险区内非疫区的生猪及未经高温处理的生猪产品仅限在高风险区内调运。其他地区为非洲猪瘟的低风险区，要切实加强产地检疫和屠宰检疫工作，强化对疑似非洲猪瘟临床症状和病理变化的检查；督促养殖场户和生猪屠宰企业落实主体责任，按规定申报检疫，配合做好移动监管。各地公路动物卫生监督检查站要加强值守，加强对来自疫区省份生猪及其产品的查验力度。

六、加强宣传培训

各地要通过印发明白纸、挂图等多种方式，加大非洲猪瘟防治知识宣传普及力度，指导养猪场（户）做好生物安全管理工作。要加强对生猪养殖、经营、屠宰等相关从业人员的宣传教育，增强自主防范意识，积极营造群防群控的良好局面。要及时发布风险提示，养猪场（户）严禁从高风险区调入生猪。切实做好非洲猪瘟防治技术培训工作，进一步提高基层兽医人员对突发疫情的鉴别诊断、早期报告和规范应对能力。

七、加强生物安全管理

各地要加强对辖区内的科研院所、动物诊疗机构、兽药生产企业、社会化服务机构等单位的监督管理，严格控制病料样品采集和相关研究。未经省级兽医部门批准，任何单位和个人不得采集病料。除我部指定的实验室外，任何单位和个人不得擅自保存病料，不得从事疑似含有非洲猪瘟病毒样品的实验活动。

八、强化部门协作

各地要在政府的统一领导下，协调有关部门共同做好非洲猪瘟防治工作。按照原农业部、工业和信息化部等10部门联合印发的《关于切实做好非洲猪瘟防范工作的通知》（农医发〔2012〕22号）要求，与各有关部门密切协作，强化联防联控。协调财政部门增加防治经费投入，支持非洲猪瘟防治工作。协助公安部门做好疫区封锁和强制扑杀工作，做好疫区安全保卫和社会治安管理。配合市场监督部门关闭疫区内生猪交易市场和屠宰场，加大对违法经营畜禽及其产品行为的打击力度。配合宣传部门做好非洲猪瘟科普知识的宣传。

九、严格落实责任

各地要严格按照《中华人民共和国动物防疫法》等有关法律法规开展防治工作，严格落实防治责任制。对履行职责不力的，任何单位和个人瞒报、谎报、迟报、漏报动物疫情的，影响疫情防治的，要依法追究有关当事人责任。

鉴于非洲猪瘟疫情已在我国发生，各地兽医部门务必提高警惕，严加防范，要坚持24小时领导带班和专人值班制度，明确值班人员。辽宁省启动非洲猪瘟防治情况日报告制度，其他各省排查进展情况每日报送中国动物疫病预防控制中心。各地、各有关单位在非洲猪瘟防治工作中的有关工作进展要及时报我部兽医局。

附件：

1. 非洲猪瘟紧急排查工作方案
2. 非洲猪瘟可疑疫情应急处置指南

农业农村部办公厅
2018年8月5日

附件1

非洲猪瘟紧急排查工作方案

一、排查目的

及时发现非洲猪瘟可疑病例,初步评估疫情波及范围,为下一步防治处置工作提供依据。

二、排查范围

全国所有养猪场(户)、生猪交易市场、生猪屠宰场、生猪无害化处理场。

三、排查要求

各地安排基层兽医工作人员每天对养猪场(户)、生猪交易市场开展现场巡查;生猪屠宰场驻场官方兽医要严格做好待宰生猪的检视,对屠宰后的生猪重点观察其脾脏、淋巴结是否异常,如脾脏肿大、淋巴结出血等。在巡查中发现生猪不明原因死亡的,屠宰环节发现脾脏肿大等情况的,要及时报告当地兽医部门,并配合做好样品采集和应急处置工作。

四、样品采集

严格按照《非洲猪瘟防治技术规范》要求采集可疑生猪和病死猪的样品,做好标记并认真填写采样登记单,及时送动卫中心进行确诊。

(一)样品采集数量

1. 对病死猪,选择症状明显的进行剖检,观察其剖检变化,对发现脾脏异常肿大的,采集2头猪的脾脏、淋巴结等组织样品,并拍照记录。

2. 对出现可疑症状的生猪及同群猪,每栋(舍)选择2头,采集抗凝血和血清样品。

(二)生物安全要求

采样工作人员开展工作前应接受相应的生物安全相关知识培训,进入场(户)前后,要按要求穿好工作服,做好个人防护,防止人为引发次生疫情。采样结束后,按照《非洲猪瘟防治技术规范》要求,做好尸体和场地的消毒和无害化处理工作;样品按要求进行包装和寄送,避免发生溢洒情况。

五、紧急监测

北京、河北、内蒙古、辽宁、吉林、黑龙江、新疆等7个重点省份和新疆生产建设兵团开展紧急监测,辽宁省沈阳市生猪血清样品监测要全覆盖,所有样品要送动卫中心和我部指定的实验室进行监测。北京、内蒙古样品送中国动物疫病预防控制中心，河北样品送中国兽医药品监察所，辽宁样品直接送动卫中心，黑龙江样品送中国农科院哈尔滨兽医研究所，新疆和新疆生产建设兵团样品送中国农科院兰州兽医研究所，吉林样品送军事科学院军事医学研究院军事兽医研究所。上述实验室可根据有关省份情况，开展主动监测。疑似病原学阳性样品，应立即送动卫中心检测。

附件 2

非洲猪瘟可疑疫情应急处置指南

各地发现非洲猪瘟可疑疫情的,要按照《非洲猪瘟疫情应急预案》,迅速采取应急处置措施,严防疫情扩散蔓延。

一、做好隔离工作

对发病场点实施严格的隔离措施,严密开展临床监视,禁止易感动物、动物产品、饲料、垫料、粪便及有关物品移动。

二、严格环境消毒

对发病场点内外环境进行严格消毒。每天消毒 3~5 次,直至疫情被排除,或确诊疫情解除封锁。

三、规范采样送检

按照《非洲猪瘟防治技术规范(试行)》要求规范采集病死猪的脾脏和淋巴结等组织样品,及时送动卫中心进行确诊。

四、开展监测排查

按《非洲猪瘟紧急排查工作方案》(附件 1)要求,加大监测排查力度,对符合采样要求的场点要进行采样送检。

五、果断应急处置

必要时,采取封锁、扑杀等措施。销毁尸体后,应对疫点的所有场所、车辆、设备进行彻底清洗消毒。

农业农村部关于切实加强
生猪及其产品调运监管工作的通知

农明字〔2018〕第 29 号

各省、自治区、直辖市畜牧兽医（农牧、农业）厅（局、委、办），新疆生产建设兵团畜牧兽医局：

为贯彻落实《国务院办公厅关于做好非洲猪瘟等动物疫病防控工作的通知》（国办发明电〔2018〕10 号）要求，严防非洲猪瘟疫情扩散蔓延，现就非洲猪瘟疫区解除封锁前生猪及其产品调运有关事项通知如下。

一、生猪及其产品调运应当严格执行《中华人民共和国动物防疫法》《非洲猪瘟疫情应急预案》和农业农村部公告第 2 号有关规定，不得从高风险区向低风险区调运。

二、发生疫情的省（自治区、直辖市，以下简称"省"）受威胁区以外地区生猪及其产品的调运等，应当按照以下规定执行。

（一）限制省内生猪调运。发生疫情的县（市、区，以下简称"县"）、市（地，以下简称"市"）、省，暂停生猪调出本县、本市、本省，关闭省内所有生猪交易市场。有 2 个以上（含 2 个）县发生疫情的市，暂停该市所辖各县生猪调出本县。有 2 个以上（含 2 个）市发生疫情的省，暂停该省所辖各市生猪调出本市。

（二）规范生猪产品调运。有 1 起疫情的县，暂停该县生猪产品调出该县所在市，暂停该市所辖其余各县生猪产品调出本省；有 2 起以上（含 2 起）疫情的县，暂停该县生猪产品调出本县，暂停该县所在市所辖其余各县生猪产品调出本市。有 2 个以上（含 2 个）县发生疫情的市，暂停该市所辖县生猪产品调出本市。有 2 个以上（含 2 个）市发生疫情的省，暂停该省所辖市生猪产品调出本省。

（三）强化屠宰管理。发生疫情的县，暂停生猪屠宰活动。生猪屠宰企业经彻底消毒、环境样品和猪肉产品检测合格，并经动物疫病风险评估通过后，方可恢复生产。

三、疫区所在省的种猪，经实验室非洲猪瘟检测合格和检疫合格后，方可调出本省。

四、经陆路跨省调运生猪不得途经发生疫情的省。

五、供港澳生猪及其产品调运受上述规定限制时，其调运的有关要求由农业农村部商海关总署另行规定。

六、各地畜牧兽医部门要提高认识，切实落实《国务院办公厅关于做好非洲猪瘟等动物疫病防控工作的通知》要求，严格执行相关限制措施。

（一）要切实加强产地检疫和屠宰检疫工作，严格落实畜牧兽医行政执法"六条禁令"和屠宰检疫"五不得"。严厉打击屠宰病死猪、非法调运生猪及其产品等违法行为，监督承运人在装载前、卸载后对运输生猪及其产品的车辆进行清洗、消毒。充分发挥公路动物卫生监督检查站作用，加强对运输生猪及其产品车辆的监督检查和消毒工作。

（二）要严格举报受理核查。接到关于违法调运生猪及其产品、染疫或疑似染疫生猪的举报后，要第一时间核查处理。

（三）要加强生猪屠宰行业管理，协调利用好现有屠宰产能，统筹做好疫区封锁期间省内生猪屠宰工作。在最大限度减少疫情传播风险的前提下，努力保障生猪产品有效供给。

七、非洲猪瘟疫点、疫区、受威胁区、疫区所在县、市和封锁时间等信息，可在农业农村部网站（www.moa.gov.cn）上查询。

执行过程中的有关问题和建议，请及时与农业农村部联系。

联系人和电话：徐亭　010-59191530

农业农村部
2018年8月31日

农业农村部关于进一步加强生猪及其产品跨省调运监管的通知

农明字〔2018〕第 33 号

各省、自治区、直辖市畜牧兽医（农牧、农业）厅（局、委、办），新疆生产建设兵团畜牧兽医局：

为切断非洲猪瘟病毒传播链条、降低疫情跨区域传播风险，现就非洲猪瘟疫区解除封锁前生猪及其产品跨省调运监管有关事项补充通知如下。

一、与发生非洲猪瘟疫情省相邻的省份暂停生猪跨省（自治区、直辖市，以下简称"省"）调运，并暂时关闭省内所有生猪交易市场。暂停时间从任一相邻省发生疫情至其全部相邻省疫情解除封锁前。

目前，疫情省的相邻省份为河北、山西、内蒙古、吉林、上海、福建、江西、山东、湖北、陕西等 10 个省份。

二、疫区省内生猪及其产品的调运继续按照《农业农村部关于切实加强生猪及其产品调运监管工作的通知》（农明字〔2018〕第 29 号）要求执行。

三、各地要严格产地检疫和屠宰检疫，及时关闭或调整动物检疫证明电子出证平台生猪及其产品出证相关功能。加强调运政策的宣传贯彻力度，确保最新要求及时宣贯到每一名基层检疫人员和生猪养殖、贩运、屠宰等从业人员。要与养殖场、屠宰场签订告知承诺书，督促其按规定调运、屠宰生猪。各地畜牧兽医主管部门要设立举报电话，及时受理违法调运生猪及其产品、染疫或疑似染疫生猪的举报并认真核查。

四、省际间动物卫生监督检查站要严格执行 24 小时值班制度，加强对跨省调运畜禽及其车辆的查验力度，做好对运输车辆的清洗消毒工作。发现违规调运生猪及生猪产品的，不得劝返，要立即扣押，做无害化处理。非洲猪瘟应急防控期间，未设立省际间动物卫生监督检查站的，立即报省级人民政府批准，设立临时的动物卫生监督检查站，执行监督检查任务。

五、各省要积极配合交通运输部门，督促道路运输企业不得承运违规跨省调运的生猪，督促收费公路经营企业严禁违规跨省调运生猪的运输工具上路。积极协调公安机关交通管理部门，加强对运载生猪及其产品车辆的拦截和监督检查。

农业农村部
2018 年 9 月 11 日

农业农村部办公厅关于防治非洲猪瘟加强生猪移动监管的通知

各省、自治区、直辖市畜牧兽医（农牧、农业）厅（局、委、办），新疆生产建设兵团畜牧兽医局：

为切实做好非洲猪瘟防治工作，严防因生猪移动导致疫情扩散蔓延，根据《中华人民共和国动物防疫法》《重大动物疫情应急条例》等法律法规和《农业农村部第2号公告》《非洲猪瘟疫情应急预案》等文件要求，现就加强生猪等易感动物移动监管有关事宜通知如下。

一、强化生猪移动风险管控

根据风险评估结果，发生非洲猪瘟疫情时，疫区所在地市为该动物疫病的高风险区，省内其他地市和其他省份为低风险区。严禁非洲猪瘟疫区内的生猪（包括种猪、野猪，下同）及其产品调出。严禁高风险区内的生猪和未经高温处理的生猪产品调出。在低风险区间调运生猪及其产品的，禁止途经高风险区。严禁生猪养殖场（户）、从事生猪收购贩运的单位和个人、动物产品生产经营者从高风险区引进生猪和未经高温处理的生猪产品。

二、加强生猪产地、屠宰检疫工作

要督促养殖场（户）和生猪屠宰企业落实主体责任，按规定申报检疫，在装载前、卸载后对运输车辆进行彻底清洗、消毒。要严格按程序和规程要求开展检疫工作，不得受理高风险区内调出的生猪和未经高温处理的生猪产品检疫申报。要强化对调运生猪的临床健康检查和屠宰生猪的待宰、宰后检疫，重点检查疑似非洲猪瘟临床症状、脾脏、淋巴结等典型病理变化，发现疑似非洲猪瘟症状和病变，要立即采取控制措施并及时报告。

三、加强生猪屠宰环节监督管理

各地要进一步加大对辖区内生猪屠宰企业监管力度，强化日常监管，督促生猪屠宰企业切实落实入场查验、待宰静养等质量安全控制措施，积极配合兽医部门做好非洲猪瘟防控工作，一旦发现生猪出现疑似非洲猪瘟临床症状，要及时报告兽医部门。要加强屠宰环节病害猪无害化处理监管，对屠宰环节发现的疑似非洲猪瘟生猪及其产品，要督促屠宰企业按兽医部门要求进行无害化处理，严防流出屠宰场。

四、强化流通环节监督检查

各公路、铁路、航空动物卫生监督检查站要加强对运输生猪及其产品运输工具的监督检查，对来自高风险区的生猪及未经高温处理的生猪产品，要立即扣押，做无害化处理。要强化对生猪及其产品的查验力度，加强对生猪的临床健康检查。严格按照《非洲猪瘟防治技术规范》的要求，加强对运载工具的消毒。各级动物卫生监督机构要依法履行监管职责，对相关违法调运行为要从严从重处罚，涉嫌犯罪的，及时移送公安机关，依法追究刑事责任。

农业农村部办公厅
2018 年 8 月 8 日

农业农村部办公厅关于加强规模化猪场和种猪场非洲猪瘟防控工作的通知

农办牧〔2018〕第 52 号

10月14日,辽宁省锦州市北镇市一规模化猪场发生非洲猪瘟疫情,这是我国大型规模化猪场首次发生非洲猪瘟疫情,目前,该起疫情已扑杀生猪超过2万头,经济损失重,社会影响大。为统筹疫病防控和产业发展,进一步加强规模化猪场和种猪场(以下简称"两场")非洲猪瘟防控工作,切实保护好生猪产业和市场供给的基础。现就有关事项通知如下:

一、充分认识"两场"防控的重要意义。规模化猪场是猪肉市场供给的主要来源,种猪场是生猪产业发展的根基。保护好"两场"的生产能力,对于稳定生猪生产发展、保障肉品市场有效供给、促进社会和谐稳定发展至关重要。目前,非洲猪瘟疫情由散养户扩散到规模化猪场,防控形势更加复杂严峻,在规模化猪场继续发生疫情的风险进一步加大,亟需进一步强化"两场"非洲猪瘟防控工作。各级畜牧兽医部门要充分认识做好"两场"非洲猪瘟防控工作的重要性和紧迫性,把"两场"摆在更加突出的位置,毫不松懈抓好防控工作,切实保护好"两场"的生产安全。

二、强化防控责任落实。落实地方政府属地管理责任,将"两场"作为非洲猪瘟防控工作的重中之重。各级畜牧兽医部门要建立"两场"非洲猪瘟防控工作责任制,明确责任单位和责任人,逐级压实责任,逐场摸清情况、制定预案、建立台账;要克服麻痹厌战情绪,切实履行监管责任;要加强与有关部门沟通协调,形成工作合力,共同做好非洲猪瘟防控工作。"两场"要配合畜牧兽医部门加强防控知识的宣传和普及,严格落实动物防疫主体责任,做好各项综合防控工作。

三、严格各项综合防控措施。"两场"要加强动物防疫条件建设,认真执行各项动物防疫制度,强化生物安全管理,提高生物安全水平。要采取封闭管理措施,禁止无关人员和车辆进入场区。严格落实补栏隔离措施和空栏管理制度,避免交叉污染。严把饲料和饲料添加剂使用关,严禁使用餐厨剩余物饲喂生猪,暂停使用添加有以猪血为原料的血液制品生产的猪用饲料饲喂生猪。配齐配足消毒药品和配套物资，做好圈舍、场地、用具及进出人员、车辆等消毒和废弃物无害化处理。

四、确保"两场"周边生物安全措施落地。"两场"在认真做好自身非洲猪瘟防控的同时，主动配合当地畜牧兽医部门，对周边3千米范围内现有养猪场（户）进行全面排查，帮助中小规模养猪场（户）落实生物安全措施，消除风险隐患，净化"两场"周边养殖环境。各级畜牧兽医部门要结合当地实际，鼓励和指导"两场"创新防控机制，探索通过市场机制解决"两场"周边中小规模养猪场（户）的生猪，在切实保护中小规模养猪场（户）利益的前提下，加快推动"两场"周边中小规模养殖场（户）逐步弃养、退养，构建周边地区生物安全屏障。

五、严格规范种猪引种和调运。强化种猪场动物防疫条件审查和跨省引进种猪检疫审批，落实种猪调出实验室检测和调入隔离观察制度，种猪场、种公猪站原则上应从非洲猪瘟非疫区省份引进经检疫合格的种猪。非洲猪瘟疫区所在省份种猪场的种猪，经实验室非洲猪瘟检测合格和检疫合格后，方可调出本省；种公猪站销售的精液产品，其采精公猪必须经实验室非洲猪瘟检测合格和检疫合格后，方可对外销售。经陆路跨省调运种猪不得途经发生疫情的省份。从发生疫情的省份引进种猪的，必须按规定报告，并进行不少于15天的隔离观察，合格后方可混群饲养。

六、切实落实各项扶持政策。各地要切实落实生猪调出大县奖励等生猪生产扶持政策，积极争取地方政府出台配套政策，加大对"两场"防疫基础设施改造、疫病净化、废弃物无害化处理等关键环节的扶持力度，提高疫病防控能力，同时，采取有效措施解决规模养猪场达到出栏标准生猪压栏严重的问题。严格落实好非洲猪瘟强制扑杀补助政策，积极争取通过地方财政适当提高种猪扑杀补助标准，帮助"两场"渡过难关，确保疫情处置工作有效推进，为促进生猪产业持续健康发展提供有力支撑。

农业农村部办公厅
2018年10月20日

农业农村部办公厅关于印发《打击生猪屠宰领域违法行为 做好非洲猪瘟防控专项行动方案》的通知

各省、自治区、直辖市及计划单列市畜牧兽医（农牧、农业农村）厅（局、委、办），新疆生产建设兵团农业局：

为贯彻落实国务院常务会议和《国务院办公厅关于进一步做好非洲猪瘟防控工作的通知》（国办发明电〔2018〕12号）精神，强化非洲猪瘟防控工作，我部决定在2018年生猪屠宰监管专项整治行动和生猪屠宰监管"扫雷行动"基础上，开展为期3个月的打击生猪屠宰领域违法行为做好非洲猪瘟防控专项行动，现将专项行动方案印发给你们，请结合实际，认真贯彻执行。

农业农村部办公厅
2018年10月26日

打击生猪屠宰领域违法行为做好非洲猪瘟防控专项行动方案

为切实做好非洲猪瘟疫情防控工作，我部决定在2018年生猪屠宰监管专项整治行动和生猪屠宰监管"扫雷行动"基础上，自即日起至2019年1月底前，在发生非洲猪瘟疫情省及相邻省份开展为期3个月的打击生猪屠宰领域违法行为做好非洲猪瘟防控专项行动。具体方案如下。

一、工作目标

全面贯彻落实《国务院办公厅关于进一步做好非洲猪瘟防控工作的通知》，以实施生猪屠宰标准化创建为抓手，以提升猪肉质量安全为目标，严厉打击私屠滥宰、屠宰病死猪、贩卖加工病死猪肉等生猪屠宰领域违法行为，切实做好屠宰环节非洲猪瘟防控工作，防止病死猪及其产品流向市场、进入餐桌。

二、主要任务

（一）强化生猪屠宰风险隐患排查

1. 强化私屠滥宰隐患排查。发生非洲猪瘟疫情省及相邻省份在生猪禁运期间，要加大城乡结合部、县乡交通道路周边、已取缔的私屠滥宰点（户）等私屠滥宰易发区和多发区，以及疫区、受威胁区的巡查排查力度，对群众举报的违法线索要集中力量进行核查，要确保排查不留盲区，违法线索件件有核实，防止私屠滥宰行为死灰复燃。

2. 强化屠宰质量安全隐患排查。要强化屠宰企业屠宰过程、肉品品质检验和"瘦肉精"自检、病死及病害猪无害化处理等屠宰质量安全制度控制措施落实情况排查，对生猪屠宰生产过程中的屠宰操作规程和技术要求、肉品品质检验制度、屠宰检疫、无害化处理等关键点，要对人员配备、技术要求、工作记录等逐一进行核查，确保质量安全不留死角。

3. 强化屠宰环节非洲猪瘟防控风险排查。要紧盯屠宰生猪入场查验，重点排查是否如实记录生猪来源，有无屠宰未经检疫生猪，检疫证明是否真实、有效、规范，生猪标识是否佩戴齐全，是否屠宰加工来自疫区生猪，是否屠宰走私生猪等违法行为。要突出消毒制度落实，重点排查生猪进场通道、卸猪台、待宰圈是否定期进行清洗消毒，生猪运输车辆卸载后是否清洗消毒等潜在风险点，及时堵塞非洲猪瘟防控漏洞。

（二）严格落实屠宰企业主体责任

要督促屠宰企业切实履行屠宰环节质量安全主体责任，严格执行相关法律法规和标准规定，加强安全生产日常管理，建立健全安全生产管理制度，完善屠宰安全生产档案记录，落实安全生产各项措施。要强化屠宰企业动物防疫主体责任，切实加强管理，严格落实场地及车辆消毒、肉品检疫出场和病死猪无害化处理等制度，一旦发现疑似非洲猪瘟临床症状的生猪及其产品，要及时向当地畜牧兽医部门报告，并采取封锁、隔离、扑杀、销毁、消毒、无害化处理措施，防止动物疫情扩散。

（三）严厉打击私屠滥宰等违法行为

1. 严查严管确保上市肉品安全。结合生猪屠宰隐患排查情况、生猪屠宰监管专项整治行动和生猪屠宰监管"扫雷行动"推进情况，抽调专门力量，加大监管力度，强化案件线索分析和调查，对逃避检疫、私屠滥宰、违规调运病死猪、屠宰加工病死猪、添加使用"瘦肉精"、对生猪及其产品注水或注入其他物质的单位和个人依法从严从重处罚；对屠宰加工企业屠宰生猪不符合国家规定的操作规程和技术要求的、未如实记录屠宰生猪来源和生猪产品流向的、未建立或实施肉品品质检验制度的、屠宰注水或注入其他物质生猪的，一律限期整改顶格处罚，切实保障生猪屠宰环节质量安全。

2. 强化协调联动打击力度。要配合公安机关开展打击食品药品农资环境犯罪专项行动，对涉嫌非法收购、贩卖、屠宰病死猪、加工制售病死猪肉制品的犯罪案件，要及时移送公安机关，依法追究刑事责任。要按照《农业部 食品药品监管总局关于进一步加强畜禽屠宰检验检疫和畜禽产品进入市场或者生产加工企业后监管工作的意见》（农医发〔2015〕18号）要求，健全部门间协调联动机制，开展联合执法，及时通报案件查处和日常监督监测信息，联手查处肉品质量安全大案要案。

（四）加快推进生猪屠宰清理整顿和标准化创建

要结合非洲猪瘟防控实际，在非洲猪瘟防控风险较大的重点市、县深入开展生猪屠宰企业清理整治行动。联合生态环境部门，加大屠宰资格清理、压点提质力度，加快屠宰行业转型升级。对屠宰非洲猪瘟疫区、受威胁区生猪等违法违规行为的小型生猪屠宰场点，一律要求停业限期整改，整改仍达不到要求的，坚决予以取缔。要以非洲猪瘟防控工作为契机，结合本省工作实际，积极指导推进生猪屠宰企业建立科学有效的质量安全标准体系，引导企业升级改造，推动建成一批标准化示范生猪屠宰企业，提升生猪屠宰企业标准化建设水平。

三、有关要求

各地要充分认识专项行动对于防控非洲猪瘟工作的重要意义，高度重视，加强领导，安排专人负责，统筹2018年生猪屠宰监管专项整治行动和生猪屠宰监管"扫雷行动"工作安排，制定细化方案；要加强部门协作，主动与公安、食药（市场监管）等部门协调；要加强宣传及信息报送，对于行动中的经验做法、典型案例要及时宣传，违法违规行为要及时曝光，有关意见和建议要报送我部畜牧兽医局。

联 系 人：农业农村部畜牧兽医局　吴学宝

联系电话：010-59192834

传　　真：010-59192871

电子邮箱：tuguanchu@agri.gov.cn

上海市人民政府办公厅关于进一步做好非洲猪瘟防控工作的通知

沪府办明电〔2018〕9号

各区人民政府、市政府各委、办、局：

为贯彻落实《国务院办公厅关于做好非洲猪瘟等动物疫病防控工作的通知》（国办发明电〔2018〕10号）、《农业农村部关于切实加强生猪及其产品调运监管工作的通知》（农明字〔2018〕第29号）以及农业农村部关于全国非洲猪瘟等动物疫病防控工作视频会议精神，经市政府同意，现就进一步做好本市非洲猪瘟防控工作通知如下。

一、进一步提高思想认识

8月3日以来，我国部分省市先后发生多起非洲猪瘟疫情，尤其是江浙皖三省的非洲猪瘟疫情已对本市形成三面合围态势，加上本市的生猪及其产品主要依靠外供，疫病传入风险极大，防控形势十分严峻。非洲猪瘟疫情的有效防控事关本市生猪产业安全、肉食品供应安全和城市运行安全，关系到中国国际进口博览会的顺利举行。本市各级政府和有关单位一定要牢固树立"四个意识"，站在战略与全局的高度，充分认识做好非洲猪瘟防控工作的极端重要性和紧迫性，切实增强责任感、使命感，切忌产生侥幸心理和麻痹思想，按照国务院以及农业农村部的部署，坚决打赢非洲猪瘟狙击战。

二、进一步落实各级动物防疫责任

各级政府要高度重视，主动作为，严格依法落实动物防疫责任，按照属地管理原则，实行政府统一领导，逐级压实动物防疫责任，科学、周密、扎实地做好各项防控工作。各级政府要对辖区的非洲猪瘟防控工作负总责，主要领导是第一责任人，其他领导各负其责。同时，要加强对养殖场（户）、贩运经纪人等从业人员的监管，落实好相关从业人员的动物防疫主体责任。

三、进一步加强疫情监测排查

要继续在全市范围内组织开展全面排查，对重点区域、关键环节和不明原因死亡生猪加大监测力度，力争第一时间发现疫情。要以生猪养殖场、屠宰场、交易市场、无害化处理场点以及与外省接壤地区、入境口岸为重点，加大巡查频次，更有针对性地开展监测。要进一步加大非洲猪瘟流行病学调查力度，做好疫情追溯追踪，及时发现和消除隐患。要强化野外巡查巡护，发现野猪异常死亡的，必须按照规定，立即采样送检并采取相关处置措施。

四、进一步落实重点防控措施

强化生猪及其产品的调运监管，是控制疫情蔓延的关键措施。要切实加强生猪调运监管，对违法调运行为要从严从重处罚。各区要切实加强餐厨剩余物收集、运输、储存、处理各环节监管，禁止使用餐厨剩余物饲喂生猪。要严格国际运输工具消毒以及餐厨剩余物无害化处理，加强供港澳活猪检疫监管，确保安全。要进一步加大督查指导力度，确保监测、消毒、移动控制等各项防控措施落实到位，减少疫情发生风险。

五、进一步确保市场供应安全

要切实加强和组织引导好生猪生产，落实好扶持生猪生产相关政策。要切实加强与生猪主产区的衔接，强化市场监测，维护市场价格秩序，确保猪肉及其产品价格稳定、足量供应。要加强畜禽及其产品运输车辆管理，运输畜禽及其产品的车辆必须凭动物检疫证明承运和享受鲜活农产品运输"绿色通道"政策。要严格执行生猪产地检疫和屠宰检疫，强化对非洲猪瘟疑似临床症状的检查，严厉打击私屠滥宰、屠宰病死猪等违法行为，防止病死猪流入市场。要加强生猪产品流通加工餐饮环节质量安全监管，严厉打击违法经营猪肉产品的行为，确保人民群众吃上"放心肉"。

六、进一步提升动物防疫能力和水平

要切实加强动物防疫能力建设，完善动物防疫体系。要进一步加大投入，完善生猪政策性保险机制和动物防疫财政保障机制。要加强技术研究，及时掌握非洲猪瘟预测预报、诊断和控制技术。要加强实验室生物安全管理，严格管控非洲猪瘟实验活动，严肃查处非法采集病料、开展病毒分离鉴定等违法行为。

要加强基层动物防疫工作人员培训，提高对非洲猪瘟的早期报告、鉴别诊断能力。要结合动物防疫、环保等要求，提升生猪养殖场（户）生物安全水平，保护生产能力，推进规模养殖、集中屠宰，提升动物疫病防控能力和产业素质。

七、进一步健全联防联控机制

农业部门要牵头组织协调各区政府和相关部门，按照"抓早抓小、从严控制、联防联控"的原则，依法做好非洲猪瘟的预防、控制和扑灭工作。海关要严格禁止进口来自非洲猪瘟疫区的生猪及其产品，加强对国际运输工具、国际邮件、跨境电商产品、出入境旅客携带物的查验和检疫，加大打击走私力度，监管销毁非法入境的来自疫区的家猪、野猪及其产品。林业部门要强化野外巡护，对野猪疑似病例要按规定采样送检。发展改革、财政部门要根据防控需求，做好疫情防控经费保障。市场监管部门要加强流通环节动物产品监管，严防病死动物及其产品流入市场、进入餐桌。公安部门要做好疫区安全保卫、社会治安管理和口岸监督检查工作，配合做好疫情处置，依法加强有关案件侦办，对恶意传播非洲猪瘟疫情的违法犯罪行为，一旦查实要依法严厉打击。交通部门要加强对经铁路口岸和港口进口猪及其产品的入境运输工具的监管、检查和登记，强化信息交流互通。邮政部门要加强对邮件、快件的检查。卫生部门要加强人畜共患病知识宣传、解疑释惑和诊治。银保监部门要指导各保险公司更好地发挥养殖业政策性保险的作用，引导金融企业加大对养殖场的信贷支持力度。其他各有关部门要切实负起责任，加强信息共享和措施联动，形成防控合力。

八、进一步加强信息发布和舆论引导

要坚持疫情、舆论两手抓，积极主动、准确及时地做好信息发布，依法保障人民群众的知情权坚持正面宣传、科学宣传，突出解疑释惑，以正视听，第一时间作出权威解读、形成主流声音，做好非洲猪瘟等动物疫病防控宣传，引导公众科学认识、理性消费生猪产品。要正确把握舆论导向，及时准确发布疫情信息和防控工作进展情况，坚决打击造谣传谣行为。未经国务院畜牧兽医主管部门授权，本市各级政府、各部门不得擅自发布发生疫情信息和排除疫情信息。

九、进一步加强组织领导

各区和相关单位要切实加强组织领导,把非洲猪瘟防控工作作为当前的重中之重,认真落实责任,狠抓关键环节,确保各项措施落到实处。要按照《上海市处置重大动物疫情应急预案》要求,结合非洲猪瘟的防控特点,进一步健全和完善应急机制,确保一旦发现突发疫情,能及时反应,快速上报,有效应对。要严格落实疫情防控责任制,对单位和个人履行职责不力的,瞒报、谎报、迟报、漏报动物疫情的,影响疫情防控的,要依法追究责任。

上海市人民政府办公厅

2018 年 9 月 19 日

关于切实做好非洲猪瘟防治工作的通知

沪农委〔2018〕214号

各区农委，光明食品集团：

8月3日，辽宁省沈阳市沈北新区发生非洲猪瘟疫情。为切实做好本市非洲猪瘟防治工作，严防疫情传入，保障本市养殖业健康稳定发展，根据《农业农村部办公厅关于做好非洲猪瘟防治工作的紧急通知》（农明字〔2018〕第22号）精神，现通知如下。

一、高度重视防治工作

非洲猪瘟是由非洲猪瘟病毒引起的猪的一种急性、热性、高度接触性动物传染病，发病率和死亡率可达100%，目前尚无有效疫苗。该病主要在非洲和欧洲流行，近年来逐步传播至俄罗斯，之前未在我国发现。世界动物卫生组织将其列为法定报告动物疫病，我国将其列为一类动物疫病。各区和相关单位要充分认识做好非洲猪瘟防治工作的极端重要性，把非洲猪瘟防治工作作为当前头等大事来抓，强化责任和防治措施落实，做到早发现、早报告、早确诊、早处置，坚决防止疫情扩散蔓延。

二、开展全面排查

各区要按照《非洲猪瘟紧急排查工作方案》（见附件1）要求，对辖区内生猪养殖场（户）、屠宰场、无害化处理场等重点场所和辽宁省调入的生猪开展全面排查，发现不明原因生猪死亡的，立即限制移动，并按程序报市动物疫病预防控制中心。

三、严格疫病诊断和疫情报告

各区接到可疑疫情报告后，由区动物疫病预防控制中心按《非洲猪瘟防治技术规范（试行）》采集病料样品，报市动物疫病预防控制中心，由市动物疫病预防控制中心送动卫中心确诊。根据动卫中心反馈结果，市动物疫病预防控制中心要按照疫情快报程序做好疫情报告工作。

四、做好疫情应急处置

发生可疑疫情的,各区要按照《非洲猪瘟可疑疫情应急处置指南》(见附件2)要求,对发病场(户)猪只实施严格的隔离、监视,禁止易感动物及其产品和相关物品移动,必要时,采取封锁、扑杀等措施。疫情确诊后,按照《非洲猪瘟疫情应急预案》,立即划定疫点、疫区、受威胁区,向同级政府提出封锁建议并参与组织实施,做好动物扑杀和无害化处理工作,对疫情发生前30天内疫点输入、输出的易感动物及产品等进行流行病学调查,分析评估疫病流行风险。

五、强化生猪移动监管

各级动物卫生监督机构要严格按照《农业农村部公告第2号》和《非洲猪瘟疫情应急预案》要求,切实加强生猪及其产品的检疫监管。要切实加强产地检疫和屠宰检疫工作,强化对疑似非洲猪瘟临床症状和病理变化的检查;督促养殖场(户)和生猪屠宰企业落实主体责任,按规定申报检疫,配合做好移动监管。各指定道口要加强值守,认真做好查证验物和车辆消毒,近期,要重点加强对入沪生猪及其产品的检查,对不符合规定的生猪及其产品一律禁止入内,坚决防止外疫传入。

六、加强养猪场(户)管理

近期,各区和相关单位要对辖区内的养猪场(户)加强管理,严格实行封闭措施,与养殖场无关的闲杂人员、社会车辆一律禁止进入养殖场内。对必需进入养猪场(户)内的饲养人员、饲料运输车辆等要进行严格消毒后,方可进出。坚决禁止收购和运输猪只的外来车辆进入场内。养猪场(户)要严格实行定期消毒和集中大消毒的制度,确保各项消毒措施落到实处。

七、加强宣传培训

各区要通过印发明白纸、挂图等多种方式,加大非洲猪瘟防治知识宣传普及力度,指导养猪场(户)做好生物安全管理工作。要加强对生猪养殖、经营、屠宰等相关从业人员的宣传教育,增强自主防范意识,积极营造群防群控的良好局面。要及时发布风险提示,养猪场(户)严禁从高风险区调入生猪。切实做好非洲猪瘟防治技术培训工作,进一步提高基层兽医人员对突发疫情的鉴别诊断、早期报告和规范应对能力。

八、加强生物安全管理

各区要加强对辖区内的科研院所、动物诊疗机构、兽药生产企业、社会化服务机构等单位的监督管理，严格控制病料样品采集和相关研究。未经市级兽医部门批准，任何单位和个人不得采集病料。除农业农村部指定的实验室外，任何单位和个人不得擅自保存病料，不得从事疑似含有非洲猪瘟病毒样品的实验活动。

九、强化部门协作

各区要在政府的统一领导下，协调有关部门共同做好非洲猪瘟防治工作。按照原农业部、工业和信息化部等10部门联合印发的《关于切实做好非洲猪瘟防范工作的通知》（农医发〔2012〕2号）要求，与各有关部门密切协作，强化联防联控。要积极协调财政部门增加防治经费投入，支持非洲猪瘟防治工作。

十、严格落实责任

各区及相关单位要严格按照《中华人民共和国动物防疫法》等有关法律法规开展防治工作，严格落实防治责任制。对履行职责不力的，任何单位和个人瞒报、谎报、迟报、漏报动物疫情的，影响疫情防治的，要依法追究有关当事人责任。鉴于非洲猪瘟疫情已在我国发生，各区务必提高警惕，严加防范，要坚持24小时领导带班和专人值班制度，明确值班人员，并将辖区内排查情况每日报市动物疫病预防中心，市动物疫病预防中心按要求将排查进展情况报送中国动物疫病预防控制中心。

附件：

1. 非洲猪瘟紧急排查工作方案
2. 非洲猪瘟可疑疫情应急处置指南

上海市农业委员会
2018年8月13日

附件1

非洲猪瘟紧急排查工作方案

一、排查目的

及时发现非洲猪瘟可疑病例,初步评估疫情波及范围,为下一步防治处置工作提供依据。

二、排查范围

所有养猪场(户)、生猪屠宰场、生猪无害化处理场。

三、排查要求

各区安排基层兽医工作人员每天对养猪场(户)开展现场巡查;生猪屠宰场驻场官方兽医要严格做好待宰生猪的检视,对屠宰后的生猪重点观察其脾脏、淋巴结是否异常,如脾脏肿大、淋巴结出血等。在巡查中发现生猪不明原因死亡的,屠宰环节发现脾脏肿大等情况的,要及时报告当地兽医部门,并配合做好样品采集和应急处置工作。

四、样品采集

严格按照《非洲猪瘟防治技术规范》要求采集可疑生猪和病死猪的样品,做好标记并认真填写采样登记单,按规定及时送动卫中心进行确诊。

(一)样品采集数量

1. 对病死猪,选择症状明显的进行剖检,观察其剖检变化,对发现脾脏异常肿大的,采集2头猪的脾脏、淋巴结等组织样品,并拍照记录。

2. 对出现可疑症状的生猪及同群猪,每栋(舍)选择2头,采集抗凝血和血清样品。

(二)生物安全要求

采样工作人员开展工作前应接受相应的生物安全相关知识培训,进入场(户)前后,要按要求穿好工作服,做好个人防护,防止人为引发次生疫情。采样结束后,按照《非洲猪瘟防治技术规范》要求,做好尸体和场地的消毒和无害化处理工作;样品按要求进行包装和寄送,避免发生溢洒情况。

附件 2

非洲猪瘟可疑疫情应急处置指南

各区发现非洲猪瘟可疑疫情的,要按照《非洲猪瘟疫情应急预案》,迅速采取应急处置措施,严防疫情扩散蔓延。

一、做好隔离工作

对发病场点实施严格的隔离措施,严密开展临床监视,禁止易感动物、动物产品、饲料、垫料、粪便及有关物品移动。

二、严格环境消毒

对发病场点内外环境进行严格消毒。每天消毒 3~5 次,直至疫情被排除,或确诊疫情解除封锁。

三、规范采样送检

按照《非洲猪瘟防治技术规范(试行)》要求规范采集病死猪的脾脏和淋巴结等组织样品,及时送动卫中心进行确诊。

四、开展监测排查

按《非洲猪瘟紧急排查工作方案》(附件 1)要求,加大监测排查力度,对符合采样要求的场点要进行采样送检。

五、果断应急处置

必要时,采取封锁、扑杀等措施。销毁尸体后,应对疫点的所有场所、车辆、设备进行彻底清洗消毒。